U0956914

新型农民现代农业技术与技能培训丛书

食用菌园艺工培训教材

编著者
吕作舟　李荣春　李　晓
张引芳　陈立国　王卓仁

金盾出版社

内容提要

本书是“新型农民现代农业技术与技能培训丛书”的一个分册。内容包括：菌类园艺工岗位职责和素质要求，双孢蘑菇、草菇、鸡腿蘑、香菇、黑木耳、平菇、杏鲍菇、白灵菇、金针菇、滑菇园艺工基本技能。全书内容丰富，语言通俗易懂，可操作性强，可作为县(市)举办新农村食用菌园艺工培训教材，亦可供广大菇农及农业院校相关专业师生阅读参考。

图书在版编目(CIP)数据

食用菌园艺工培训教材/吕作舟等编著.—北京：金盾出版社，2008.3

(新型农民现代农业技术与技能培训丛书)

ISBN 978-7-5082-4958-2

Ⅰ.食… Ⅱ.吕… Ⅲ.食用菌类-蔬菜园艺-技术培训-教材 Ⅳ.S646

中国版本图书馆 CIP 数据核字(2008)第 002185 号

金盾出版社出版、总发行

北京太平路 5 号(地铁万寿路站往南)

邮政编码：100036 电话：68214039 83219215

传真：68276683 网址：www.jdcbs.cn

封面印刷：北京凌奇印刷有限公司

正文印刷：北京华正印刷有限公司

装订：北京华正印刷有限公司

各地新华书店经销

开本：850×1168 1/32 印张：5.5 字数：132 千字

2012 年 7 月第 1 版第 3 次印刷

印数：16 001～19 000 册 定价：9.00 元

序　　言

中共中央国务院[2007] 1号文件明确指出，加强“三农”工作，积极发展现代农业，扎实推进社会主义新农村建设，是全面落实科学发展观、构建社会主义和谐社会的必然要求，是加快社会主义现代化建设的重大任务。

我国农业人口众多，发展现代农业、建设社会主义新农村，是一项伟大而艰巨的综合工程，不仅需要深化农村综合改革、加快建立投入保障机制、加强农业基础建设、加大科技支撑力度、健全现代农业产业体系和农村市场体系，而且必须注重培养新型农民，造就建设现代农业的人才队伍。

胡锦涛总书记在党的十七大报告中进一步指出，要培育有文化、懂技术、会经营的新型农民，发挥亿万农民建设新农村的主体作用。

新型农民是一支数以亿计的现代农业劳动大军，这支队伍的建立和壮大，只靠学校培养是远远不够的，主要应通过对广大青壮年农民进行现代农业技术与技能的培训来实现。金盾出版社在对农业岗位培训进行广泛调研的基础上，与中国农业大学老科技工作者协会、华中农业大学老教授协会等单位共同策划，约请数百名农业专家、学者参加，组织编写了“新型农民现代农业技术与技能培训丛书”（以下简称“丛书”）。“丛书”坚持以现阶段我国青壮年农民的文化技术水平出发，突出现代农业技术与技能的传授，注重其先进性和实用性；“丛书”以教材形式编写，共有88个分册，涉及81个农业岗位，除水稻农艺工、蔬菜园艺工、蔬菜植保员、果树植保员分南方本和北方本外，其他均为一个岗位一本培训教材，以方便县（市）、乡（镇）、村组织新型农民培训和农业企业进行岗位培训时选用。“丛书”的组编和出版，还得到了河北农业大学、沈阳农业大学、西北农林科技大学、甘肃农业大学、北京农学院、山东畜牧兽医职业技术学院、大连民族学院、中国农业科学院茶叶研究所、中国农业科学院油料研究所、中国农业科学院郑州果树研究所、中国农业科学院特产研究所、中国农业科学院桑蚕研究所、中国养蜂学会、内蒙古自治区农牧科学院、甘肃省蔬菜研究所、山东省果树研究所、广西壮族自治区柑桔研究所、山西省畜牧兽医研究所等单位部分专家、教授的支持和参与，并列入劳动和社会保障部《全国职业培训与技能鉴定用书目录》，进行推荐，使我们深感欣慰，在此表示衷心感谢。我们希望和相信，通过“丛书”的出版发行，能为新型农民队伍的发展壮大贡献一份力量，也能为现代农业技术与技能培训积累一些可供借鉴的经验。

“丛书”编写时间有限，各分册存在不足或错漏在所难免，恳请同仁和各使用单位批评指正。

编 委 会

2008 年 1 月

前　　言

食用菌是一种味道鲜美，口感脆嫩，营养丰富并兼具食疗价值的天然食品。有鉴于此，联合国提出21世纪人类最合理的膳食结构是“一荤、一素、一菇”。正是由于食用菌的营养价值日益受到重视，人们对食用菌的消费兴趣日益增长，才造就了食用菌产业蒸蒸日上的态势。食用菌栽培是现代生态农业的一个组成部分。人们已认识到，包括食（药）用菌在内的“菌物界”，其降解并吸收有机物的能力强，生长发育的速度快，在物质转化中有很大的优势。因此，菌物生产、植物生产和动物生产形成了三足鼎立之势，而且菌物生产在三者中起着综合利用的纽带作用。所以，在农业生态系中是深受人们重视的一环。

我国是世界上最早认识、利用和栽培食用菌的国家，具有悠久的食用菌栽培历史，也积累了丰富的宝贵经验，并在食用菌的教学、科研和生产上取得了令人注目的成就。

近年来，我国各级政府及相关部门，特别是各类新闻媒体，顺应人们在解决温饱之后对健康的进一步要求，日益注重菌类饮食文化（菌食文化）的宣传，注重国内消费市场的培育与开拓。实际上，我国既是食用菌生产大国，出口大国，也是食用菌消费大国。到2002年，我国年人均消费食用菌已达到6千克（鲜重）。国内、外食用菌市场的拓展，为我国食用菌产业可持续发展提供了保障。实现食用菌产业可持续发展的目标，除了充分利用我国丰富的菌物资源、气象资源、秸秆资源、劳力资源，将世界食用菌先进技术与我国食用菌生产和营销实践相结合，规模化生产国内、外市场广受欢迎的食用菌品种之外，普及食用菌园艺知识，提高园艺工的技术水平亦十分重要。

对于菌类园艺工而言，必须不断加强学习，不断提高认识，认真执行并全面实施一系列技术指标；全面了解和掌握园艺工所必需的基本知识和技能，主要包括原辅材料（如秸秆、生产用水、覆土等）的准备、栽培场地的选择、栽培与采收措施、保鲜加工与贮运过程等，成为新型的食用菌园艺工。

今春，金盾出版社邀请笔者编写《食用菌园艺工培训教材》，要求以我国南方地区为主，兼顾北方地区。为此，云南农业大学李荣春、吉林农业大学李晓、上海雪国高榕生物技术有限公司张引芳，以及华中农业大学陈立国、王卓仁等参加了此书的编写，成书后由吕作舟统稿。

在编写过程中，考虑到《食用菌园艺工培训教材》为应用科学和实用技术读物，力求语言通俗易懂，简洁明快，适用性强。多写实用技术，少写机制原理；多写当代新理论、新技术，少讲历史演进。书中着重介绍了双孢蘑菇、草菇、鸡腿蘑、香菇、黑木耳、平菇、杏鲍菇、白灵菇、金针菇、滑菇等10种食用菌的栽培技术及其相关的基础知识和基本技能。在介绍各种食用菌栽培技术时力求详略得当，减少重复。希望能够给食用菌园艺工，给基层的食用菌从业人员，特别是给新、老菇民提供帮助。

限于时间和水平，文中错漏之处一定不少，恳请广大读者不吝批评指正。

编 著 者

2007年10月

目 录

第一章　食用菌园艺工岗位职责和素质要求

一、岗位职责

食用菌园艺工应熟悉并遵循无害化生产原则，能够熟练进行食（药）用菌的菌种培养、菌种保藏，栽培场所的建造，培养料的准备以及菌类的栽培管理和采收等项工作。

二、素质要求

作为一名合格的食用菌园艺工，应具备扎实的基本理论知识、一定的法律基础知识、食（药）用菌业成本核算知识和安全生产知识。

（一）思想素质

1. 安全生产知识　安全生产知识主要包括以下内容：①实验室、菌种生产车间、栽培试验场、产品加工车间的安全操作知识。②安全用电知识。③防火、防爆安全知识。④手动工具与机械设备的安全使用知识。⑤化学药品的安全使用与贮藏知识。

2. 有关法律基础知识　食用菌园艺工在掌握以上安全生产知识的同时，还应具备有关法律法规的基础知识。有关法律法规包括以下内容：①《种子法》。②《森林法》。③《环境保护法》。④《全国食用菌菌种暂行管理办法（食用菌标准汇编）》。⑤《食品卫生法》。⑥《劳动法》。

(二)技术业务素质

食用菌园艺工应具备的技术业务素质主要包括微生物学基础知识、食(药)用真菌的基础知识、基本技能和成本核算知识。

1. 微生物学基础知识 食用菌园艺工应具备以下微生物学基础知识:①微生物的概念与微生物类群。② 微生物的分类。③细菌、酵母菌、真菌、放线菌的生长特点与规律。④ 消毒、灭菌和无菌操作。⑤ 微生物的生理。

2. 食(药)用真菌基础知识 食用菌园艺工应具备以下食(药)用真菌基础知识:①食(药)用菌的概念、形态和结构。②食(药)用菌的分类。③常见食(药)用菌的生物学特性。④食(药)用菌的生活史。⑤食(药)用菌的生理。⑥ 食(药)用菌的主要栽培方式。

3. 食用菌园艺工应掌握的基本技能 为了做好本职工作,食用菌园艺工在掌握上述基础知识的同时,还应掌握以下基本技能:①食(药)用菌类的菌种培养、菌种保藏与菌种鉴定。②栽培场所的选择与建造。③培养料的制备。④消毒、灭菌与人工接种。⑤常见食(药)用菌的栽培管理和采收。

4. 食(药)用菌业成本核算知识 为了不断提高食用菌产业优质高效的生产水平,在遵循无害化栽培的前提下,食用菌园艺工必须具有以下成本核算知识。①食(药)用菌的成本概念。②食(药)用菌干、鲜品的成本核算。③食(药)用菌加工产品的成本计算。

第二章　双孢蘑菇园艺工基本技能

一、概　述

双孢蘑菇(*Agaricus bisporus* Imbach)英文名为 Button mushroom, White mushroom 或 mushroom。双孢蘑菇属于伞菌目(Agaricales),伞菌科(Agaricaceae),蘑菇属(Agaricus),其野生资源分布于欧洲、北美洲、北非和澳大利亚等地。

双孢蘑菇是现在世界范围内生物学基础研究最深入、栽培技术最现代化,栽培范围遍及全世界,栽培规模最大,世界总产量和单位栽培面积产量最高的食用菌。

(一)形态特征

1. 子实体　双孢蘑菇子实体包括菌盖、菌柄、菌膜及菌环等部分。

(1)菌盖　即子实体的上部,又叫菇盖或菌伞。菌盖开后呈伞状。菌盖为双孢蘑菇食用的主要部分,又是产生孢子的器官。双孢蘑菇菌盖直径一般在 5～15 厘米,初期为球形或半球形,边缘初期内卷,后平展。双孢蘑菇的菌盖有表皮、菌肉和菌褶 3 部分组成。

(2)菌柄　菌柄是生于菌盖中央的柄状支撑部分,又是从菌丝体给菌盖输送水分和营养的通道。白色,光滑,近圆柱形,有的品种基部稍大。

(3)菌膜与菌环　菌膜为菌盖与菌柄间连接的一层薄膜,起保护菌褶的作用。随着子实体成熟度的增加,菌膜逐渐拉开变薄,直至破裂。当子实体成熟开伞,菌膜破裂后,在菌柄周围留下一圈环状物即为菌环。菌环单层,膜质,白色,生于菌柄中部,易脱落。

(4)担孢子　双孢蘑菇的有性繁殖细胞叫担孢子。子实体成熟开伞后,菌褶两侧面着生在担子梗上的担孢子便会自动弹射下落。担孢子遇到适宜条件萌发,生长成菌丝,进行繁衍。

2. 菌丝及菌丝体

(1)菌丝　是由孢子萌发后长成的丝状结构。孢子萌发出菌丝,在人工室内纯培养情况下需 12～30 天。双孢蘑菇的菌丝是具有大量分枝的多细胞组成的管状结构,无锁状联合。每个菌丝细胞有 2～20 个核,平均一般具有 6～9 个。菌丝顶端细胞的核数目多于基部细胞。

(2)菌丝体　是双孢蘑菇的营养体结构,是由大量的相互连接的菌丝组成的白色棉絮状的结构。在自然界双孢蘑菇的菌丝体可以生长至直径达 10 米以上的范围,虽然其中心部分的菌丝已可能死亡。

(二)生活史

自然界中的双孢蘑菇具有多样化的生活史类型。现在人工栽培的所有品种和大多数的野生菌株都是具有次级同宗配合交配类型的生活史。其特征是:担孢子是具有 2 个分别含有不同交配类型基因的核的异核体,担孢子萌发形成具有多个核的异核体菌丝,这种菌丝不需要与其他孢子萌发形成的菌丝进行配合,直接就可以发育成为可育的菌丝体,在一定条件下它就发育成子实体,在子实体中菌褶上的担子细胞内 2 个不同交配类型的核融合形成杂合的二倍体核,随后这个二倍体的核进行减数分裂,形成 4 个核,这 4 个核中具有不同交配类型基因的核组合成对,共组成 2 对,这种组合是非随机的,每对进入 1 个担孢子,形成 2 个具有异核组合的双核担孢子,从而完成一个生活史循环(图 2-1)。担孢子再萌发,开始另一个生活史循环。

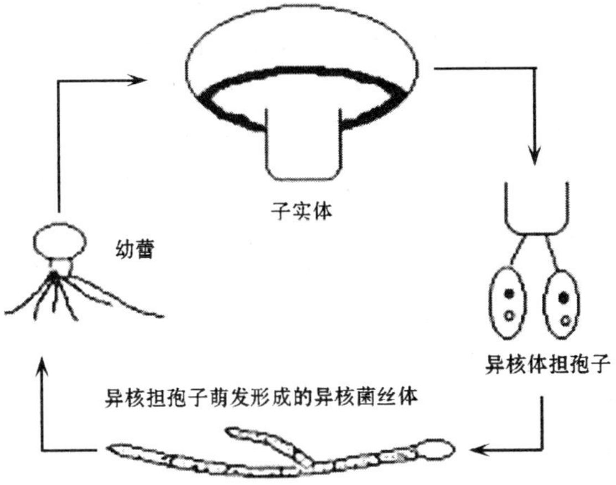

图 2-1　双孢蘑菇原变种的生活史

(三)生长发育条件

1. 营养　双孢蘑菇属草腐生菌，从粪草等基质中吸取生长发育所需的全部碳、氮、无机盐、水和其他物质。

双孢蘑菇能利用广泛的碳源，如各种单糖、双糖、淀粉、果胶、半纤维素、纤维素、木质素等。但是双孢蘑菇利用多碳化合物的能力较弱，所以双孢蘑菇菌丝体在马铃薯培养基上的生长势不如在CYM培养基上的生长势。在自然条件下双孢蘑菇主要利用被其他生物分解过的粪草和秸秆。

双孢蘑菇能利用多种氮源，如蛋白胨、氨基酸、硫酸铵、各种禽畜粪便、油菜饼、大豆饼、尿素等。

碳和氮是双孢蘑菇需要的两大营养成分，而且在吸收利用碳和氮营养时，具有一定的比例关系。

矿质元素对双孢蘑菇的生长发育也很重要。钙能促进菌丝体的生长和子实体的形成，还能改善堆肥的物理结构，提高培养料的持水力,此外还有中和酸根,稳定堆肥 pH 值的作用。

2. 温度 温度是双孢蘑菇生长发育的一个重要因子。不同品种对温度的要求有所差异。目前主栽的双孢蘑菇品种都属于偏低温型品种。双孢蘑菇是一种变温结实的菇类,同一品种菌丝体生长发育所需的温度与子实体形成和发育所需的温度不同。菌丝体生长阶段的温度范围在 5℃～30℃,最适温度是 22℃～25℃,低于 5℃生长极缓慢,超过 30℃衰老较快,高于 35℃停止生长,时间长就死亡。子实体生长阶段的温度范围是 10℃～20℃,最适温度是 14℃～16℃,在此温度范围内,菌盖厚实,菌柄短,产量高。18℃～20℃,菌盖薄,肉质疏松,菌柄细长,易开伞。高于 23℃时,菇蕾大量死亡,低于 10℃,菇生长慢,产量低。

双孢蘑菇 As2796 和 Sylvan15 菌株在 CYM+CE 培养基上的不同温度(℃)下的平均生长速度见图 2-2。

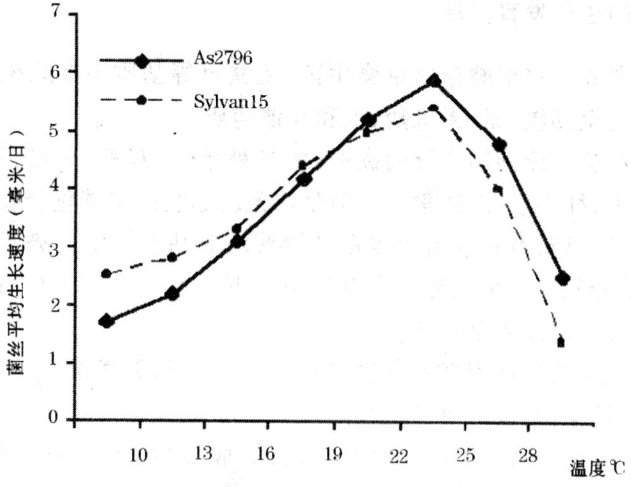

图 2-2 双孢蘑菇菌丝生长速度与温度的关系

3. 水分　水是双孢蘑菇的主要组成物质，双孢蘑菇菌丝体和子实体都含有90%左右的水分，水是双孢蘑菇生命活力中不可缺少的成分。双孢蘑菇需要的水来源于培养料，覆土和空气中的水及水蒸气。培养料含水量应保持在65%左右，低于50%，菌丝生长缓慢，菌丝纤细；高于73%时，培养料透气差，菌丝生活力弱。

4. 空气　双孢蘑菇是一种好氧真菌，菌丝体和子实体的呼吸作用要不断吸收氧气（O_2），呼出二氧化碳（CO_2）。因此在栽培管理中，发菌阶段要适当地保持菇房较高的二氧化碳浓度，以利于菌丝生长，在子实体分化和生长阶段，则要降低菇房的二氧化碳浓度，为蘑菇生长提供新鲜的空气，防止畸形菇的发生和菇蕾的大量死亡。

5. 酸碱度（pH值）　双孢蘑菇菌丝生长的pH值是4.5～8.5，最适pH值是6.5～7，子实体分化和生长的最适pH值为6.5～6.8。

6. 光　光对双孢蘑菇的生长发育无促进作用，菌丝体和子实体都可在黑暗中生长，强光对菌丝和子实体都有抑制作用。菇房阴暗形成的子实体颜色洁白，菇肥厚圆整，蘑菇品质好。菇房过亮、菌盖泛黄，蘑菇品质下降。

二、工艺流程

（一）常规栽培的工艺流程

双孢蘑菇常规栽培的工艺流程见图2-3所示。

（二）工厂化生产的工艺流程

工厂化生产的工艺流程见图2-4所示。

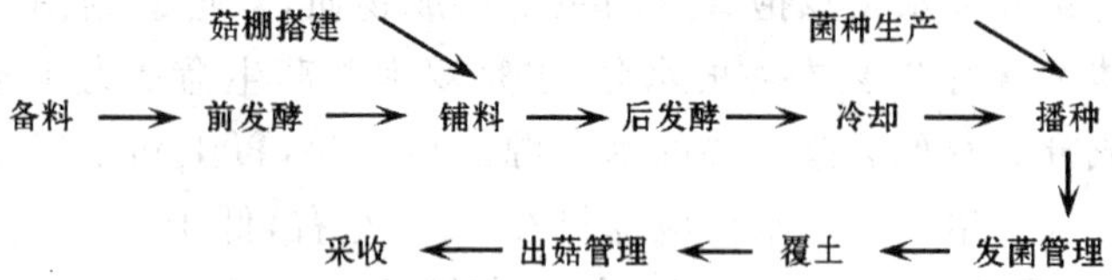

图 2-3 双孢蘑菇栽培的工艺流程

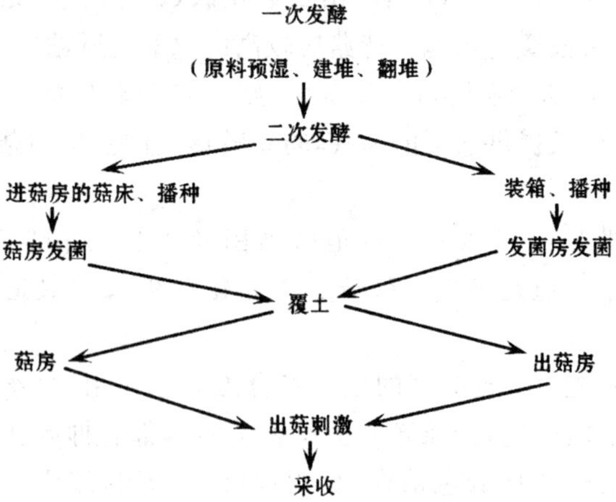

图 2-4 双孢蘑菇工厂化栽培工艺流程

三、技术要点

（一）常规栽培的技术要点

1. 栽培季节的选择 我国是双孢蘑菇栽培大国，全国大部分地区都有栽培，但各地气候条件差异较大，由于传统栽培是利用自然气候条件的栽培，所以栽培季节要依据双孢蘑菇的生物学特性和当地气候条件进行适当地调整，才能获得稳产高产。

2. 栽培品种与菌种的准备

(1)栽培品种　目前人工栽培的双孢蘑菇依据子实体颜色可分为白色、棕色和奶白色3个品系。白色品系因颇受市场欢迎,因此在世界各国广泛栽培。近年来由于新的棕色品种菇味浓厚而栽培面积有所增加。依据菌丝在琼脂培养基上的生长形态特征又可将双孢蘑菇品种分为气生型和贴生型2类。这两类品种各有优点,所以近年来的新品种多数是气生型和贴生型的杂交型品种。

(2)菌种的准备　栽培双孢蘑菇需要较大量的菌种。高质量的菌种是优质、高产的重要因素。因此,必须依据播种时间推算出适宜的制种时间,并按时生产菌种,或向菌种生产公司预订菌种,以保证栽培使用的菌种菌龄合适,质量好。双孢蘑菇母种一般15天左右长满试管斜面,原种和栽培种分别需要40天左右长满菌种瓶,母种长满斜面后和原种栽培种长满瓶后,一般要延长1周时间使菌丝充分生长,使转种或播种后菌种的萌发力增强。所以,制母种要比播种期提前120天左右,原种要提前100天,栽培种要提前50天。

3. 菇房的设置和消毒

(1)菇房　菇房是双孢蘑菇菌丝生长和子实体分化发育的场所,能否为双孢蘑菇不同阶段的生长提供良好的环境,取决于菇房的结构,材料等是否合理、科学。

菇房可用闲置的民房或厂房,也可专门建造的土木结构房、砖混结构房,塑料大棚、山洞、防空洞,以及草棚等。塑料大棚由于容易搭建和拆迁,可以逐年换地点,减少病虫害的特点,成为菇房的主要类型。

(2)菇床　菇床是床式栽培双孢蘑菇的床架,在菇房内多层搭建,依据菇房的高度和生产的方便菇床可搭1～5层,每层之间高为60厘米,底层距地20厘米,顶层距房顶要大于1米,菇床宽1.3～1.4米,床与床之间和床与房壁之间留70～80厘米的过道。

(3)菇房的消毒　栽培开始前，要对菇房进行消毒清理，但消毒方法要考虑到环保的要求，传统的甲醛、敌敌畏等杀虫菌剂对环境保护有影响，以后生产的双孢蘑菇产品也很难达到绿色食品、有机食品的要求，应尽量不使用。

4. 培养料的配方与堆制

(1)培养料的配方　双孢蘑菇培养料的配方有多种，有用禽畜粪便的粪草培养料配方和不用禽畜粪便的合成培养料配方。常见配方如下：①牛粪(干)44%，稻草(干)50%，菜籽饼2%，石膏2%，石灰2%。②麦秸(干)65%，血粉2%，马粪30%，过磷酸钙2%，碳酸钙1%。③麦秸(干)52%，鸡粪(干)30%，糖化纤维15%，石膏1.5%，石灰1.5%。④麦秸(干)60%，鸡粪(干)38%，石膏2%。⑤麦秸(干)52%，鸡粪(干)30%，棉籽壳15%，石膏2%，石灰1%。⑥稻草(干)93%，尿素1%，硫酸铵2%，过磷酸钙2%，石灰2%。

(2)传统堆肥发酵法　季节性栽培双孢蘑菇，多采用传统的发酵方法进行堆肥的发酵处理，常见方法有一次发酵法，简单二次发酵法。

①传统一次发酵法：一次发酵法是传统的栽培原料堆制方法。所需条件简单，成本低，发酵技术易掌握；但发酵受自然条件影响大，发酵时间长，劳动强度大，发酵后的培养料质量一致性差。一次发酵法的操作步骤如下：

建堆时间：建堆时间要由播种时间决定，以麦秸加厩肥的建堆时间要在播种期前35天左右，以稻草加厩肥的建堆要求在播种前30天，这样培养料发酵完成时刚好是播种之日。

建堆方法：先将已切成15～30厘米长(也可不切)的麦秸或稻草预湿1天，干牛粪、猪粪或鸡粪也最好预湿1天。建堆时先铺一层宽2～2.3米，厚15厘米，长度不限的草，然后铺一层4～6厘米厚的粪，如此重复，直至堆成一个高1.5米左右，宽2～2.3米，长度适宜的发酵堆为止。堆不能太宽或太高，这样料不易发酵腐熟，影响质量。建堆的同时要一边堆一边浇水，做到底层不浇水，中层少浇水，上层多浇水，一直到料边有水溢出为止。最好能将溢出的水收集汇拢使用。建好的堆可用草席覆盖，下雨前用塑料薄膜覆盖，防止雨淋。一般这样的建堆在第四天，料堆温度升至70℃左右。

翻堆：当料堆发酵到一定时期就要及时翻堆，共计要翻堆6～7次。建堆5天开始翻第一次堆，以后分别隔5天，4天，4天，3天，3天翻1次堆，翻堆时将料堆外表面的料翻到料堆的中部，原来料堆中部的翻到外边，上层的翻至下层，这样上下、内外翻动拌松，每翻1次堆，堆宽可以缩小15厘米左右。

堆肥的水分调节要在第一、第二、第三次翻时调节完成，原则是“一湿二润三看”，即建堆和第一次翻堆时要加足水分，第二次翻堆时适当加些水分，第三次翻堆时，依据料的干湿情况决定是否加水，此时料的相对湿度控制在70%左右。

如果配方中加化肥，则必须在建堆时就加入，在第二次翻堆时要加入石膏，第三次翻堆时加石灰调节pH值，以后的翻堆一般不再添加任何物质。

第六次翻堆3天后，如果料已腐熟，即料呈棕褐色，松软，用手轻拉草秆就断时，就可停止发酵，将料移入菇房，准备播种，如果料没有熟透，可以再翻堆1次，2天后移入菇房播种。

②简易二次发酵法：简易二次发酵法是将发酵分2个阶段进行的方法，前发酵与传统的一次发酵法的前期基本相同，按照一次发酵法的建堆和翻堆发酵、并完成调水、辅料的加入等工作，在堆制16～20天后完成前发酵，然后用下列方法进行后发酵。

后发酵方法之一：在菇房的床架上进行后发酵。完成前发酵的料移入菇房的中层床架（2，3和4层）上，然后用炉子或蒸汽加温进行后发酵，使菇房温度达到60℃以上，但不要超过70℃，维持8小时左右，杀死培养料和菇房的病虫害，然后降温至50℃～52℃，保持5～6天以促进料内有益菌大量生长，使培养料继续分解转化，并产生大量有益代谢物。这是后发酵的主要阶段。控温结束后，停止加热，使房温和料温逐渐降低，当料温降至 30℃以下时，后发酵就结束了，就可以准备分料到其他床上，播种。

后发酵方法之二：在塑料棚内进行后发酵，完成前发酵后的料重新建堆在 1 个有许多通气孔的平台上，在堆外建 1 个用竹片撑起的塑料棚，塑料薄膜与料面有 30 厘米的距离，塑料棚顶留有拔气筒，然后在平台下通入蒸汽进行后发酵，通过调节蒸汽的通入量和拔气筒的开关，先使料温达 60℃，维持 10 小时左右，然后降温至 50℃～52℃，保持 5～6 天，完成后发酵。

5. 播种及播种后的管理

(1)菌种选择　菌种应选择无杂菌、无虫害、菌龄适宜、菌丝粗壮、生长有力的菌种。选好的菌种要进行菌种瓶外表的杀菌清洗，可用 70%的酒精擦洗。然后将菌种掏入消过毒的干净面盆内待用。

(2)播种方法　播种方法有穴播法、条播法、撒播法、混播法等。现在常用的方法为撒播法。播种时料温必须低于 28℃。

(3)播种后发菌期的管理　从播种到覆土前的一段时间为菌种萌发，菌丝生长“吃料”期，又称为发菌期。此期是双孢蘑菇栽培的重要阶段，菌种是否能正常萌发生长，堆制的栽培料是否优质、适应于双孢蘑菇菌丝健康生长等问题都直接关系到栽培是否成功和蘑菇产量。

6. 覆土及覆土后的管理

(1)覆土的作用　双孢蘑菇在整个栽培过程中与其他食用菌最大的一个不同点，是必须覆土。不覆土则不出菇或很少出菇。双孢蘑菇在栽培条件下，由菌丝营养生长转向子实体的生殖发育过程，覆土是一个重要的诱导因子，覆土有下列作用：①覆土层在料面可以形成一个温、湿度较为稳定的小气候，有利于菌蕾的形成。②覆土后，改变了料面和土层中二氧化碳和氧气的分压(比例)，促进蘑菇菌丝扭结成原基。③覆土后，改变了营养条件，在营养较差的土层中不利于菌丝的营养生长，使其由营养生长转向生殖生长。④覆土对料表面菌丝的物理机械性刺激作用，可促进子实体的形成。⑤覆土层中微生物的活动，可诱导子实体的产生。⑥覆土层可支持蘑菇子实体的正常生长。

(2)*覆土的准备*　覆土前应该采取1次全面的“搔菌”措施，即用手将料面轻轻搔动、拉平，再用木板将培养料轻轻拍平。这样料面的菌丝受到“破坏”，断裂成更多的菌丝段。覆土调水以后，断裂的菌丝段纷纷恢复生长，结果往料面和土层中生长的绒毛菌丝更多、更旺盛。

(3)*覆土材料与方法*　不同覆土材料，由于理化性状的不同，将直接影响蘑菇的产量和质量。理想的覆土材料是经过调配的泥炭土。目前国内、外所使用的蘑菇覆土材料的种类和方法如下。

①泥炭土：目前国外普遍采用泥炭土作为双孢蘑菇的覆土材料。泥炭土的覆土方式是一次性覆土，厚度为2.5～3厘米。

②稻田土或菜园土：常规的菜园土或稻田土蘑菇覆土分粗、细两种土粒，粗土粒大小要求在2.5厘米左右，细土粒大小要求1厘米以下。粗土∶细土＝2∶1(W∶W)，粗、细两种土粒的用量约为30千克/米^2。粗、细土的覆土方法，可以先覆粗土，后覆细土，也可以将粗土和细土混合在一起一次性覆土。

③河泥砻糠一次性覆土：选用无化工污染、无坚硬杂物的河泥2 000～2 500千克，取未霉变、未腐烂、无虫害的砻糠275～300千克，在石灰清水中浸泡24小时后捞起，使水分沥出。然后，河泥与砻糠均匀拌和，随拌随用，摊撒在料表，厚度为1.5～2厘米，用手略微弄平。

(4)*覆土后的管理*　覆土后的管理是简易季节栽培的重要技术工作，此期的管理主要措施是：前期控制菇房温度在22℃～24℃，空气相对湿度保持在80%～90%，让菌丝迅速地在土层生长，当菌丝长到距覆土表面1厘米时，加大通风，降低温、湿度，让菌丝在这一部位倒伏，使其向横向生长，并扭结成菌索，以备在该部分出菇，这叫定菇位。

具体方法是：覆土的当天将覆土的含水量调到最大，但要注意喷水不能太多而透过覆土层进入料面，喷水后通风 2～5 小时，然后关闭门窗，保温促使菌丝向土层生长，大约经过 7～10 天的菌丝生长，菌丝可达距覆土表面 1 厘米左右。此期间要观察土层的水分变化，如果太干可以喷重水，喷水后通风半小时。如果不太干，可以喷轻水，加大通风量，使菌丝定位在此层土层中，同时降低菇房温度，如果能控制在 14℃～16℃以下是最好的，刺激菌丝倒伏扭结形成菇蕾，经过 5～7 天后就可见到菇蕾出现，进入出菇管理。

7. 出菇管理 季节性栽培双孢蘑菇，往往栽 1 次要让它出多潮菇，历经秋末、冬季和春天 3 个季节，这期间的管理依据出菇潮次和季节不同而不同，在北方冬季菇床上一般不出菇，而南方冬季仍可正常出菇，因此南、北冬季管理也不同。

具体方法：覆土 10 多天后，通过喷水、降温和加大通风，使菌丝在距覆土表面 1 厘米左右处扭结成子实体原基，开始出菇管理，将菇房温度控制在 14℃～16℃这最理想的温度范围，菇房空气相对湿度控制在 85%～95%，加大通风换气量，覆土保持比较潮湿，其含水量接近饱和。在这种管理条件下，7 天后菇床上就会看到无数的子实体原基。

当菇床上出现子实体原基后，要减少通风量，特别是要防止干热风进入菇房，同时停止喷水，但菇房空气相对湿度要保持在 85%以上，温度在 16℃以下，这样子实体原基经过 4～6 天的生长就可达到黄豆粒大小。

当幼菇长到黄豆粒大时，要逐渐增加通风换气，但不能让空气直接吹到床面，同时随着菇的长大和数量的增加，逐渐增加喷水，使覆土保持最大含水量。此时喷水的原则是，气温低时中午喷，气温高时早、晚喷，喷水要轻、勤、匀，水雾要细，以免死菇，阴雨天不喷或少喷，喷水后要及时通风换气半小时，让落在菇盖上的水分蒸发，以免影响菇的商品外观或发生病害。经过这样的水气管理7天左右，菇将逐渐进入可采收阶段。

8. 采收与分级

(1)采菇　采菇是双孢蘑菇栽培生产的最后环节，是收获劳动成果，实现投资效益的时候，采菇技术不仅对产量和品质有影响，而且对下潮菇的产量也有很大影响。采菇的技术及原则：一是采菇前不要喷水，以免手捏部分变色；二是从菇床上采下菇时，用手轻捏菇盖，旋转取出；生长成丛，并大小不一致时，要用干净的刀片切下要采的菇，保留其他菇；三是边采菇边切出带覆土的菇脚，以免菇脚上的覆土染在菇盖或菇柄上，影响商品外观；四是现在国、内外市场对鲜菇的要求是，只要在销售期间菇膜不裂开，菇越大市场越看好，价越高。而加工成罐头的菇，当菇直径在1.5厘米以上则菇越小市场越看好，价越高，采收时必须依据销售市场决定采菇的大小；五是采菇太早，则产量低，采菇太迟，菇品质下降，影响下潮菇的生长。

(2)分级　双孢蘑菇商品的一般要求是菇形圆整，无病斑、菇柄长短基本一致，菇脚切口平整且与柄垂直，菇盖紧扣菇柄，不开伞。分级标准依客户不同而有所不同，一般用于加工罐头的鲜菇分级标准见表2-1。

表2-1　用于加工罐头的鲜菇分级标准

级　别	大　小 （厘米）	标　　准
A	1.5～2.5	菇形圆整、不开伞，无病斑、虫孔，柄短口平
B	2.6～3.5	菇形圆整、不开伞，无病斑、虫孔，柄短口平
C	3.6～4.5	菇形圆整、不开伞，无病斑、虫孔，柄短口平
D	4.5以上	菇形圆整、不开伞，无病斑、虫孔，柄短口平
F	混　杂	菇形不圆整、部分开伞，有病斑、虫孔

9. 间歇期的管理 双孢蘑菇出菇具有分潮特性，如果培养料质量一致，栽培管理及覆土各项工作都较一致，则出菇的潮次就特别明显。采一潮菇后到下一潮菇出现一般有4～7天的间歇期，这期间是菌丝恢复为下潮的生产积累营养。此期的管理原则是：停水养菌，以利于下潮菇丰产。主要工作是整理床面，调整覆土的pH值、使用追肥、提高菇房温度促进菌丝生长和防治病虫害。

10. 越冬管理 北方和长江流域栽培双孢蘑菇收获约3潮菇后，进入气温可能会降至5℃以下的冬季。冬季由于气温太低，蘑菇基本停止生长，菌丝进入休眠状态。此时的管理原则是保护好菌丝，为春菇高产奠定基础。冬季管理的主要工作是整理床面（清除菇脚、死菇、补土），喷施1次追肥，然后将覆土保持在半干半湿状态，并定期对菇房进行通风换气，防止杂菌和病虫害发生。

在云南、广西和广东部分地区由于冬季气温较高，所以双孢蘑菇没有明显的休眠期，仍可正常出菇，这些地区冬季的管理仍应按秋季的出菇期和间歇期交替管理的方法进行，让其充分出菇，获得高产。

11. 春菇管理 由于冬季气温较低，无法出菇的休眠菇床，当春天来临气温回升，并稳定在10℃以上后，可以逐步增加覆土层的水分，调整菇房空气相对湿度，以满足出菇需求。一般在3月下旬，4月和5月上旬，还可生产约占总产量30%的菇。到5月中旬后，由于菇床营养耗尽，气温较高，将不再出菇。

（二）工厂化生产的技术要点

工厂化栽培双孢蘑菇已有100多年的历史，到20世纪80年代，欧美双孢蘑菇研究机构和大型生产公司的菇厂已实现全电脑控制的菇房，菇房中的温度、湿度、通气、光照等双孢蘑菇生长发育的重要生态因子都由电脑按照双孢蘑菇的生长需要实行全自动控制，为其提供最为理想的生长条件。

现代化的双孢蘑菇产业模式是一个集中和分散相结合的现代化产业模式，有的人士称为“卫星模式”（图 2-5）。这种模式的特点是把双孢蘑菇产业划分为制种—堆肥—栽培—销售共 4 个环节，依据各环节的性质和特点，依次实行集中、相对集中、分散和集中的模式组织生产和经营。

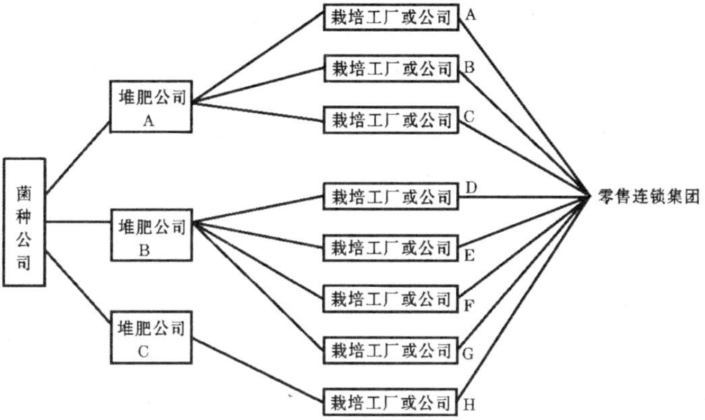

图 2 5　现代化双孢蘑菇产业模式

下面以自主堆肥和栽培生产的菇厂为例介绍工厂化栽培的设施和生产技术。

1. 蘑菇工厂设施与设备　工厂化生产双孢蘑菇的本质是用设施技术控制双孢蘑菇栽培料的生产过程和双孢蘑菇生长发育所需要的各项生态因子，使各生态因子达到或接近双孢蘑菇生长发育需要的最理想状态，以实现双孢蘑菇的高产、优质和周年化、机械化、自动化的栽培。因此，在菇厂建设时必须依据双孢蘑菇生长发育的生物学规律和生产流程进行设计，选用设备（图 2-6）。

现在世界上双孢蘑菇栽培有床式栽培和箱式栽培 2 类模式，床式栽培模式主要设施有原料场（库）、一次发酵房（场）、二次发酵

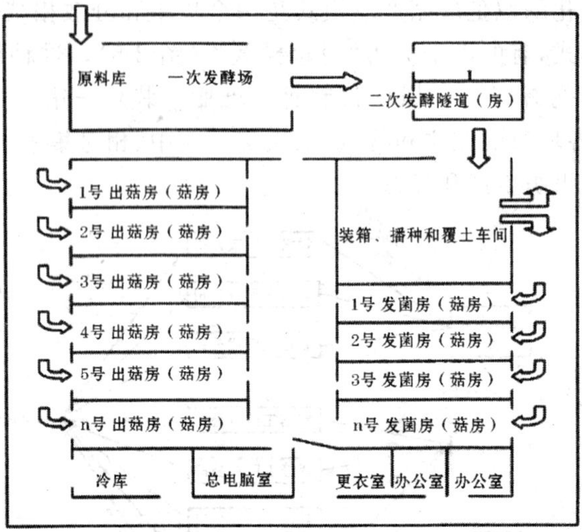

图 2-6　双孢蘑菇栽培厂平面

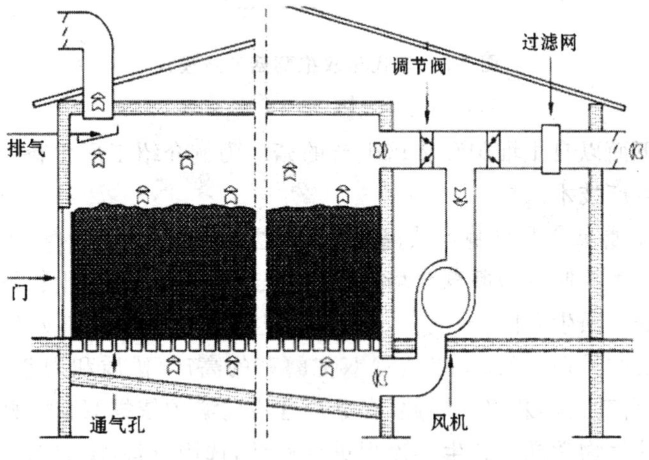

图 2-7　二次发酵隧道(房)结构示意

隧道(房)(图 2-7)、菇房、冷库、供热(冷)系统、供气系统(图 2-8,

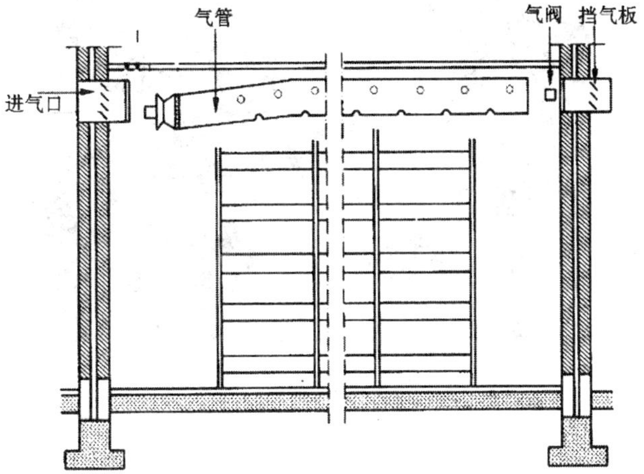

图 2-8 菇房及通气结构示意

(仿 L. J. L. D. Griensven)

图 2-9)、供水及喷灌系统和污水处理系统。箱式栽培模式比床式栽培模式多 1 个装箱、播种及覆土车间,并将菇房分为发菌房和出菇房 2 类。

主要设备:装载机,用于一次发酵的预湿、早期翻堆和培养料的短距离运送。建堆翻堆机,这是双孢蘑菇栽培厂的专用设备,用于一次发酵的建堆和翻堆装箱、播种和覆土的工作平台,这是箱式栽培的专用设备(图 2-10)。培养料输送带,用于床式栽培将发酵后的料送到菇床上。播种机、覆土机、用于床式栽培的播种和覆土。此外蒸汽发生器、制冷设备、控制电器及电脑、专用软件、插车等都是必需设备。有的还使用采菇机或机器人。

2. 双孢蘑菇工厂化栽培的技术要点

(1)现代堆肥的发酵过程及原理 现代双孢蘑菇堆肥都采用

图 2-9　现代化菇房内的菇床及顶部换气管

图 2-10　装箱、播种和覆土的工作平台

二次发酵堆制程序。第一阶段(一次发酵阶段)现在普遍采用遮雨篷下的自然环境条件下的自然发酵过程,这个阶段的主要目的:一是让所有原材料充分混合;二是利用自然发酵对原材料进行分解;三是堆制出含水量在75%～77%和含氮量在2.1%～2.3%

（干重）均匀的混合料。典型的第一阶段堆制程序见表 2-2。

表 2-2　第一阶段堆制（发酵）日程表　（引自李荣春，2001）

日 期	原材料	加水升/米³	翻堆次数	日 期	原材料	加水升/米³	翻堆次数
0	秸　秆	6.5	2	9	石膏粉 150 千克	1.6	1
1	—	4.0	1	10	—	0	0
2	鸡粪＋其他辅料	3.6	1	11	石灰粉 75 千克	0	1
3	—	0	0	12	—	0.8	1
4	—	0	0	13	—	0	0
5	—	2.7	0	14	—	0.6	1
6	—	0	0	15	—	0	0
7	鸡　粪	2.3	1	16	—	0	1
8	—	—	0				

经过 14～16 天的第一阶段发酵堆料后进入第二阶段（二次发酵）的堆制，这一阶段结束时堆料的几项重要指标见表 2-3。

表 2-3　一次发酵和二次发酵后的堆肥成分分析

（引自李荣春，2001）

含水量（%）	干　重（%）			
	氮	铵态氮	灰　分	pH 值
一次发酵 74～78	2.0～2.3	0.35～0.45	18.2～20.1	7.9～8.1
二次发酵 71～73	2.6～2.8	0.03～0.06	22.6～25.3	7.5～7.7

现代双孢蘑菇堆肥的第二阶段堆制都是采用电脑自动化的控温、控湿、控汽的隧道式二次发酵技术。此阶段的主要目的：一是培养特定的微生物群落以分解堆肥，使堆肥形成特别适合于蘑菇

菌丝生长的最佳营养状态和最佳生态环境；二是使（NH_4^+）降低到最低限度；三是形成理想质地和密度的堆肥；四是使堆肥的含水量、含氮量分别达到71%～73%和2.6%～2.8%（干重）。

为了达到此目的，二次发酵阶段一般经过下列几个阶段及步骤：①经过一次发酵的堆肥转入二次发酵通道后，关闭通道门口和风机让其自然发酵升温，经16～20小时后温度升至50℃左右。②适时地通入热（蒸）汽使前述的升温过程持续进行，达到58℃后开启调节设备使堆肥温度控制在58℃～61℃共6～7小时，以杀死各种有害微生物和害虫。③然后把堆肥温度调控至50℃～52℃持续5～7天，经过这个阶段的堆制使堆肥的各项理化指标和微生物指标达到要求。这期间要注意监测排出气体中的氨气浓度，当不能嗅到氨气时进入下一个步骤。④给予冷风，使堆温下降到室温左右。

二次发酵阶段的加热通汽量和发酵时间是随着堆肥原料的不同而不同，随着一次发酵堆肥的成熟度的不同而不同，随着外界温度的不同而有所差异（图2-11）。

（2）播种及发菌　培养料完成二次发酵后，采用机械将其送入菇房的菇床准备播种或送入装箱播种车间进行装箱播种。播种都采用机械进行混合播种的方法进行，播种后有的在料表面覆盖一张纸。然后及时送到发菌房或菇房进行发菌培养。现代工厂化栽培此期间菇房的温度控制在24℃，空气相对湿度保持在85%，每天自动通气8小时，新鲜空气量占空气流动量的15%～25%。

（3）覆土　当菌丝完全“吃透”培养料后，搔菌床1次，就可进行覆土，现在欧美栽培公司一般采用覆土公司生产的以泥炭土为主要成分的商业化覆土产品进行覆土。但也可以自行配制后覆土。覆土都采用专业覆土设备进行，以提高效率。箱式栽培是将栽培箱转运到装箱、播种和覆土专用平台上进行。床式栽培就在菇房中进行。

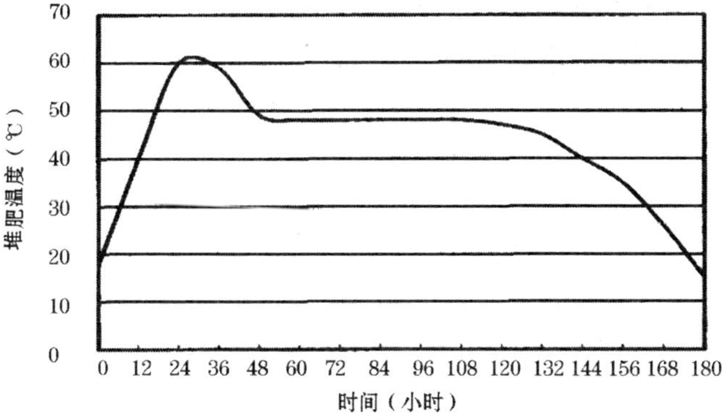

图 2-11 理想的二次发酵阶段堆肥温度的变化曲线

（李荣春，2001）

（4）覆土后的管理　现代工厂化栽培此期的管理是在85%～90%的空气相对湿度下前期高温养菌丝，后期低温促菇蕾。覆土后，在24℃培养菌丝5～7天，让菌丝迅速地向覆土层生长，与拌入覆土中的菌种萌发形成的菌丝相连。此后将温度降低到14℃～16℃，喷水刺激，促使菌丝体由营养生长向生殖生长转化，形成菇蕾。温度、湿度、通气、喷水等措施都将由电脑按照理想的标准进行，但生产中要注意品种改变时，也需要重新设置电脑控制参数。

（5）采菇期间管理　现代工厂化栽培一般也采用人工采菇，采菇机和采菇机器人都很少使用，人工采菇可以减少对菇床和幼菇的伤害，并保证采下的菇的品质。

思考题

1. 双孢蘑菇栽培中覆土的作用是什么？
2. 传统堆肥发酵与现代堆肥发酵有什么异同？
3. 传统栽培法出菇期管理原则是什么？

4. 双孢蘑菇栽培料堆制发酵的作用是什么?

5. 双孢蘑菇出菇间歇期菇房管理的主要工作是什么?

第三章　草菇园艺工基本技能

一、概　述

草菇[(*Volvariella volvacea* (Bull. ex Fr.) Sing.)]是热带、亚热带著名的食用菌，草菇属于伞菌目(Agaricales)，光柄菌科(Plataceae)，草菇属(Volvariella)真菌。在我国南方广泛分布。草菇栽培主要在中国等亚洲国家，中国栽培历史最悠久，草菇是中国的传统出口产品。韩国、日本、菲律宾、印度尼西亚、新加坡、马来西亚、泰国、印度等国都有栽培。非洲的马达加斯加、美洲的尼加拉瓜也有栽培。

(一)形态特征

1. 子实体形态特征　草菇子实体由菌盖、菌柄和菌托3部分组成。幼嫩的草菇子实体由外菌膜(幕)包围，呈小的鸭蛋形，以后由于菌柄伸长，菌盖伸长，外菌膜破裂，露出菌盖和菌柄，外菌膜保留在基部形成菌托。

2. 菌丝及菌丝体的形态特征　草菇菌丝呈多细胞的细丝状结构，无锁状联合。菌丝体呈灰白色，气生菌丝发达，菌丝在琼脂培养基上排列杂乱，有较强的爬试管壁的能力。一些气生菌丝能产生厚垣孢子。单孢菌丝体和由子实体组织分离得到的营养菌丝体都能产生红褐色的厚垣孢子，单孢菌丝和营养菌丝都可以通过菌丝间的接合进行细胞内物质的交换。

（二）生 活 史

草菇是热带、亚热带地区分布的真菌，其生长发育速度较快，在适宜条件下，从孢子萌发到形成子实体产生新的孢子只需 2 周时间。

现在我们知道：①草菇担孢子是单核的，但担孢子的萌发形成的菌丝的细胞核数目是不定数的，细胞核的无丝分裂很普遍。②担子的核数目不清楚。③单孢菌丝和由子实体组织分离得到的营养菌丝在形态结构上看不到区别，两者都能产生红褐色的厚垣孢子。④有的单孢菌丝可以直接发育形成子实体，有的要经过交配才能形成。这些知识还无法科学准确地描述草菇的生活史，它还需要人类的继续研究。

（三）生长发育条件

1. 营养条件 草菇菌丝具有分解半纤维素、纤维素的能力，能广泛地利用各种农作物秸秆，如稻草、麦秸、甘蔗渣、野草、废棉等，作为其生长发育的碳源。但由于农作物的秸秆的含氮量较低，所以生产上还要添加一些有机氮源，如米糠、麦麸、干牛粪等。

2. 温度和湿度 草菇栽培温度是关键，草菇孢子萌发需要的最佳温度是 40℃。菌丝生长的温度是 20℃～40℃，适宜温度是 30℃～35℃，最适温度为 32℃。低于 15℃和高于 45℃时菌丝不能生长。子实体分化的最适温度是 28℃～32℃，低于 20℃草菇不能分化形成子实体，高于 35℃子实体生长速度较快，质量差、产量低。

草菇是高温、高湿型菌类，培养料的含水量要保持在 68%～72%，菌丝生长的环境空气相对湿度要保持在 80%～90%。子实体生长阶段的环境空气相对湿度要保持在 85%～95%。环境湿度低，菇生长缓慢、表面粗糙、无光泽、商品价值低。

3. 空气　草菇菌丝在较高二氧化碳浓度下，生长迅速，发育良好，因此发菌期可以较少的通风换气，以维持较高的二氧化碳浓度。但子实体生长发育速度快，呼吸旺盛，需氧量较大。因此如果室内栽培播种 4 天后，要经常通风换气，以免二氧化碳气体积累过多，抑制草菇子实体生长。如果室外栽培，要适当减薄草堆的覆盖层，以免影响子实体的呼吸。

4. 酸碱度　草菇可以忍受较高的 pH 值环境。由于草菇主要采用生料栽培，因此生产上常常将栽培料的 pH 值调到 8 左右，在草菇能正常生长并结实的同时，较高的 pH 值具有抑制杂菌生长的作用。用发酵料栽培也可以将 pH 值调到 7.5～8，草菇能发育良好。

5. 光　草菇菌丝体生长不需要光，但子实体的分化和生长需要散射光的刺激。在完全黑暗的环境中草菇很难形成子实体。散射光对子实体的分化和生长具有促进作用，并能使子实体的组织结实，外表色泽加深，形成优质产品。若光照不足，子实体的组织松软，外表色泽浅，产品质量差。

二、工艺流程

草菇栽培的工艺流程见图 3-1。

三、技术要点

(一)栽培季节的选择

现代草菇栽培主要有 2 种栽培模式，即传统的草堆室外栽培和发酵料室内床架栽培。现阶段这 2 种模式都是利用自然气候条件进行生产，像双孢蘑菇那样的现代化菇房还少。由于草菇对温

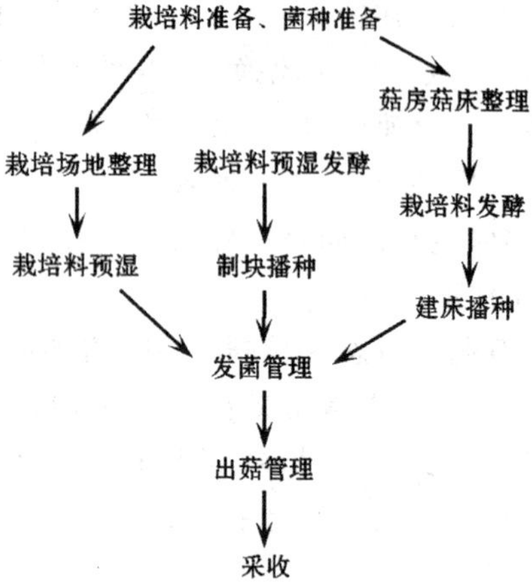

图 3-1　草菇生产工艺流程

度非常敏感,所以选择栽培季节是非常重要的步骤。一般要选择当地夜间最低气温在 15℃以上,白天最高气温在 30℃以上的季节进行草菇的栽培生产。我国南方 6 月份至 10 月上旬是草菇栽培季节。

草菇生产周期短,从播种到第一潮出菇一般在 12 天左右,若只采收 2 潮菇,整个生产周期仅 1 个月。所以,可以结合当地气候条件,灵活调整、选择栽培时机,在南方 1 个栽培季节可以生产 3 潮以上。

(二)传统草堆室外栽培

1. 栽培料与菌种准备　栽培主料(稻草或麦秸)要求干,新鲜,无霉变,数量要依据栽培规模备足;栽培辅料麦麸要新鲜、干牛粪要敲细,石灰粉要不结块。栽培菌种要在计划播种的前 5～8 天接种,菌种量要依据栽培规模备足,如果采用二次播种栽培技术,那必须在播种栽培前 1～3 天接第二批菌种。

2. 栽培场地整理 选择背风、向阳、地势平、给排水方便的地段建设菇场。场地确定后，选择晴天翻地晒土1周，以杀死一些有害生物。然后将大土块敲细，建成高20～30厘米，宽100～110厘米，长度依据地形变化的土壤菇床，床间留60～80厘米宽的沟作为人行道和灌溉渠道。

菇床建好后，在床面上每平方米撒50克石灰粉，并将石灰粉与表层3厘米厚的土壤混合。

①乱草堆草法：此方法是稻草不理齐，不成把，只将乱草简单折曲，曲头放在草堆的外边及四周，中间用乱草填平，每层草厚10～13厘米，摆好一层后在距边缘7～10厘米的地方沿四周撒一圈宽5厘米的菌种，菌种带内撒一圈宽5～10厘米的辅料；然后依此方法堆第二层，第二层稻草的边缘要比第一层的内缩3～5厘米，播第二层种，撒第二层辅料。第三层稻草又比第二层内缩3～5厘米，建成一个梯形的草堆；草堆的层数要依据气温来决定，如果气温较低，可以堆4～6层，气温高时只能堆3层。最后1层要在中央线上盖一层"龙骨草"，即在中部放一层较整齐紧密的草，以达到保温的目的。

②草把堆草法：将稻草扭成"8"字形草把，建堆时将弯头向外，一把紧挨一把地紧密排列在菇床上，中间填入乱草，并踩实，使堆心稍高。排好一层后，在距离草边7～10厘米的地方撒上一圈宽5厘米的菌种，其内撒一圈辅料，并用少量乱草将菌种覆盖；然后开始堆第二层草把，第二层草把的边缘要比第一层的边缘内缩5厘米左右，堆的方法与第一层相同；堆到4层后上面撒一层菌种，用少量稻草覆盖，并使堆的中央隆起，形成上面隆起的梯形草堆。

无论什么堆草法建成播种后都要在草堆外覆盖草被，以保证草菇菌种萌发所需的温度，草被的厚薄要依据堆温的变化随时进行调整，有条件的地方要在草堆上方搭建遮阳架，在架上放草帘或薄膜，没有遮阳架的，在下雨天要在草堆上覆盖塑料薄膜，防止雨水淋湿草堆,使堆温降低。

3. 栽培管理

(1)发菌管理　建堆播种后的5～10天为发菌期,这是草菇栽培的关键时期,播下的菌种是否能正常按时萌发,萌发的菌丝是否生长正常等都关系到草菇栽培是否成功。

正常情况下,建堆2～3天堆中央的温度可以达到50℃以上,堆温从中央向四周逐渐降低。菌种生长的最适温度是30℃～35℃,所以要依据播种圈的温度情况,及时调整覆盖草帘的厚薄,使播种圈范围的温度维持在菌种生长需要的温度,保证菌种按时萌发和生长。

草菇菌丝生长需要的空气相对湿度为80%以上,如果覆盖的草帘下的空气相对湿度低于80%,就应在向草帘、四周和遮阳架喷水,以增加空气相对湿度。

播种5天后,如果未见到大量的白色菌丝生长,稻草变黑,这表明菌种没有正常萌发,这时就要及时补播一批与原播菌种完全一致的菌种。

(2)出菇管理　经过5～10天的发菌期,菌丝开始扭结,随后在草堆上出现白色的子实体原基,就进入出菇管理。草菇子实体原基的形成和生长的适宜温度是28℃～32℃,需要的空气相对湿度在85%以上,因此出菇期间的管理的主要任务就是将堆(堆表至堆内25厘米范围内)温控制在28℃～32℃。同时通过向草帘喷水和在菇床间的沟内灌水以增加环境的空气相对湿度,为草菇子实体原基的分化、形成和生长提供理想的温、湿度条件。这期间不能覆盖塑料薄膜,除非雨水可能淋到草堆时。同时,要注意通风换气,适当地减薄覆盖的草帘,以便新鲜空气进入草堆,并增加透光,促进菌丝扭结,加深菇蕾的色泽,提高产品的商品价值。

4. 采收与后期管理　现在国内、外市场上销售的草菇,无论是鲜菇,还是罐头或干菇,都是草菇子实体的菌蛋阶段,即菌膜

(幕)尚未破裂的幼子实体。所以，当菇蕾发育成表面光滑、饱满、上部颜色较深、四周颜色较浅、菌膜尚未破裂但即将破裂的菌蛋时，其大小与品种密切相关，要及时采收。如果早采则产量低，菌膜破裂后采则产品的商品价格大大降低。因此，一般 1 天要采收多次。

采收时用一只手按住要采菌蛋四周的培养料，另 1 只手握住菌蛋，旋转摘下，切忌用力拔起，以免损伤菌丝，影响再出菇。

草菇栽培一般采收 2～3 潮菇，每潮有 4 天左右的采菇期，每潮菇之间有 5～10 天的间隔期，采完 1 潮菇后，要清理草堆，挖除残留的菇根，拾取死菇，以免它们腐烂后引来病虫害；将堆温提高到 34℃～35℃，保持 5～7 天，然后浇水降温到 28℃～32℃，促进下 1 潮菇的发生。

现在有一种栽培措施是在第一次播种后的第五天再播第二批菌种，这样 2 批菌种相继出菇，缩短或减去出菇间歇期，以提高培养料的生物学效率，保证持续出菇，达到高产栽培的目的。

(三)室内床式栽培

1. 常见培养料配方　① 废棉 75%，麦麸 5%，稻草 20%。②废棉 50%，稻草 50%。③废棉 50%，棉籽壳 40%，稻草 10%。④棉籽壳 60%，麦麸 5%，稻草 35%。

上述 4 种配方都用石灰粉调节 pH 值到 8。

2. 菇房　可用永久性的工业用房或塑料大棚，由于塑料大棚投资成本低，易于搬迁而被广泛使用。用塑料大棚做菇房，在塑料薄膜外要覆盖草帘，它既可以防止强烈的太阳辐射，冬季还可以保温，菇房内建多层床架(如同双孢蘑菇的菇房)，配置有加温、加湿和换气的设备。

3. 培养料发酵　现在室内栽培草菇一般采用发酵料进行栽培。将培养料按配方充分混合，放入水池中浸泡半天，然后捞取，滤取多余水分，检查 pH 值，如果高，则用清水冲洗，如果低则添加石灰粉，然后建堆发酵。如果外界气温在 30℃以下，发酵 3～4 天，如果在 30℃以上发酵 2～3 天。发酵后迅速将料送入菇房的菇床上，培养料的厚度一般在 15 厘米左右，依据气温的高低，适当调整料的厚薄，气温高时料要薄，反之料要厚。此时有条件的菇房可以通入蒸汽，使菇房温度达到 60℃，并持续 2～4 小时，然后降温至 52℃，保持 8 小时后停止加温。

4. 播种 发酵后的培养料移入菇房后，或在菇房被加热进行了再发酵后，当培养料的温度降至 35℃时，要及时抢温播种，播种量占培养料湿重的 0.5%～3%，依据品种的萌发和生长能力决定用量的多少。播种一般采用混合播种，也可条播或穴播。

5. 菇房管理 播种后要调节菇房温度至 30℃左右，使培养料的温度维持在 32℃的最佳生长发育温度的范围内，空气相对湿度保持在 80%，关闭所有的光源，在黑暗中发菌。发菌 5 天后，喷出菇水，降低菇房温度至 28℃，使菇床上培养料的温度保持在 28℃～32℃，同时每天给予 4～6 小时的光照，增加菇房空气相对湿度至 85%～95%，在不影响菇房温度和湿度的前提下，每天给予 2～4 次，每次 0.5 小时的通风换气，或采用随时进行的微风进行换气，增加菇房氧气量，降低二氧化碳，刺激出菇。喷出菇水4～5 天后开始采菇。采完 1 潮菇后，提高菇房温度至 31℃～34℃，使培养料的温度回升至 32℃～35℃，让菌丝恢复生长，4～5 天后再次喷出菇水，降低温度刺激出第二潮菇。

室内栽培草菇能显著地提高产量，每 100 千克干培养料可产鲜菇 25 千克以上，而室外栽培每 100 千克原料的产量仅在 10 千克左右。另外，室内栽培的产量比较稳定，而室外栽培的产量很不稳定，遇到条件好时可以获得理想的产量，但遇到环境条件变化时可能绝收或少收。所以，现在商业化草菇栽培，特别是以鲜菇供应市场的栽培公司，基本上都采用室内栽培模式进行生产，以保证每天的市场供应量，创造最大的经济效益。

（四）小拱棚块式室外栽培

1. 栽培场地整理　土壤菇床的整理与传统草堆室外栽培相同。同时准备好搭建小拱棚的竹条、塑料薄膜和草帘。

2. 栽培料发酵　将麦秸或稻草切成长10～15厘米的草段，浸泡在1%的石灰水中过夜，然后捞取，在竹片上滤去多余的水分，当含水量在70%左右时建堆发酵，堆上覆盖塑料薄膜，当堆心温度上升至55℃时，及时翻堆，发酵1～2天（翻堆2次，如果气温高，料堆升温快，发酵1天，如果气温低，料堆升温慢，发酵2天）。

3. 制块播种　将70厘米×30厘米×25厘米的制块模子放在土壤菇床上进行制块播种。方法是，将模子放在土壤菇床上，先在模内放一层发酵料，在四周撒播种子，种子圈内撒一圈麦麸，压实后加第二层料，同样在四周播第二层种，并撒一圈麦麸；然后依次加第三层料和种。最后加第四层料，在整个料面撒上种子，然后抖动表面的料，让种子和料充分混合，压实压平表面，就完成了制块播种。依此方法在土床上制一排料块，料块之间相距20～25厘米。

4. 发菌管理　在制块的同时，用竹片和塑料薄膜在菇床上搭建小拱棚，棚内高度要距料块最近处不小于15厘米的距离，并在塑料薄膜外覆盖草帘以保温避光，依据棚内温度调整草帘的厚薄，低于32℃就增加草帘，高于35℃就减少草帘。如果棚内湿度较低，要在土壤上喷水，增加棚内空气相对湿度，棚内的空气相对湿度要保持在85%以上。播种后的1～4天，一般不要揭开塑料薄膜，以保证棚内湿度和较高的二氧化碳浓度，以利于菌丝萌发和生长。

5. 出菇管理及采收　发菌4～6天后，在料块上可以看到开始出现菇蕾，这时要降低棚内温度至28℃～32℃，空气相对湿度增加至90%左右，并适当通风换气，降低棚内二氧化碳浓度，促进菇蕾大量发生。菇蕾经过4～5天的生长就达到了采收标准。草菇生长迅速，要及时采收，一般每天采收3次，以免菌膜破裂，使产品的价值降低。

采收完第一潮菇后，在料块上浇0.5%的碳酸钙($CaCO_3$)水，并停止通风，覆盖草帘，提高棚内温度，促进第二潮菇的发生。一般采2潮菇即结束栽培。

思考题

1. 草菇的生活史有什么特点？

2. 草菇适应于什么样的气候条件？现在主要栽培国家有哪些？

3. 怎样保藏草菇菌种？

4. 传统的室外草把式栽培与现代的室内床架式栽培的主要区别是什么？

5. 你认为栽培草菇最重要的技术环节是什么？为什么？

第四章　鸡腿蘑园艺工基本技能

一、概　述

鸡腿蘑[*Coprinus comatus* (Müll. ex Fr.)S. F. Gray]，又名毛头鬼伞、鸡腿菇、刺蘑菇、大鬼伞等。鸡腿蘑隶属于伞菌目(Agaricales)、鬼伞科(Coprinaceae)、鬼伞属(*Coprinus*)。鸡腿蘑在自然界广为分布，世界各国均有。我国主要产于北方各省。河北、山东、山西、黑龙江、吉林、辽宁、甘肃、青海、西藏、河南、湖北、江苏、云南等地均有生产。

鸡腿蘑是近年来开发的食用菌，由于其菌体洁白，细嫩可口，在市场上较受欢迎，发展潜力很大，联合国粮农组织(FAO)和世界卫生组织(WHO)已将其确定为16种珍稀食用菌之一。

(一)形态特征

鸡腿蘑子实体单生、群生或丛生。菇蕾期菌盖呈圆柱形，连菌柄状如火鸡腿，故名鸡腿蘑。菌盖表面初期白色，光滑，后期表皮开裂，形成鳞片；鳞片初期白色，中期呈淡锈色，成熟时鳞片上翘翻卷，颜色加深；菌肉白色，较薄；菌环白色，可上下移动，薄而脆，易脱落；菌褶密，与菌柄离生，初白色，后呈黑色。孢子黑色，光滑椭圆形。

(二)生活史

在适宜条件下，鸡腿蘑的孢子吸水膨胀，萌出芽管，逐渐分枝，形成单核菌丝。单核菌丝经过质配，产生双核菌丝，继而形成线状菌丝束，顶端迅速扭结膨大形成原基，继而发育成菇蕾，最后发育成子实体。鸡腿蘑成熟后，子实体潮解液化，孢子随液滴滴下，完成生活史。在鸡腿蘑的生活史中，尚未发现无性繁殖阶段。

（三）生长发育条件

1. 营养 鸡腿蘑是一种适应性广泛的土生菌、粪生菌、草腐菌。良好基质和合理的营养结构是其生命活动的基础，其所需主要营养物质是碳、氮、无机盐和维生素。

2. 温度 鸡腿蘑菌丝体生长的温度范围为3℃～35℃，最适温度为22℃～28℃，高于35℃菌丝就会出现自溶现象，鸡腿蘑菌丝抗寒能力相当强。据报道，在－30℃土中的菌丝可以安全越冬。子实体形成和生长发育的温度为10℃～28℃，子实体最适生长温度为12℃～24℃，在12℃～18℃，子实体生长缓慢，但个体大，粗壮，菇体洁白，不易开伞，质量好。温度在22℃以上时，子实体原基不分化，但已经形成的子实体仍能生长。

3. 水分与空气相对湿度 鸡腿蘑菌丝体生长阶段培养料的适宜含水量为60%～70%，空气相对湿度为80%左右。子实体生长阶段，空气相对湿度应提高至85%～95%，如低于60%，菌盖表面鳞片反卷；超过95%，菌盖易发生斑点病。

4. 空气 鸡腿蘑菌丝体生长、子实体分化与生长阶段都需要新鲜空气。通风不良时，菌丝生长缓慢，甚至停止生长。若出菇期间通风不良，则会导致幼菇发育迟缓，菌柄伸长，菌盖变小、变薄，品质差。

5. 光照 鸡腿蘑菌丝体生长阶段不需要光照，在无光条件下生长良好，强光对菌丝生长有抑制作用。子实体的分化与生长阶段需要500～1 000勒的散射光。无光不分化子实体或出现极少瘦弱子实体；弱光下菇体白嫩；强光可抑制子实体生长，并使菇体颜色加深。

6. 酸碱度 鸡腿菇菌丝体在pH值4.5～8.5均能生长，但生长量不同，以 pH 值 6.5～7.5 最适合。实际生产中，为防止杂菌污染，往往将 pH 值调至 8～9，经堆制发酵处理后，pH 值达到 7 左右时播种。

7. 其他因素　鸡腿蘑子实体形成（分化）和生长都需要在土壤基质中进行。因而，覆土是鸡腿蘑必需的生活条件之一。覆土后能缓和培养料内温、湿度的急剧变化，保护菌丝体和子实体不受伤害并能支撑子实体生长。覆土材料要求土质疏松，腐殖质含量丰富，持水性和透气性良好，土壤 pH 值中性或微碱性。

二、工艺流程

（一）发酵料床（畦）栽工艺流程

备料→堆料发酵→床畦铺料→播种→发菌管理→覆土→出菇管理→采收加工

（二）熟料袋栽工艺流程

备料→拌料→装袋→灭菌→冷却→接种→发菌管理→脱袋覆土→出菇管理→采收加工

三、技术要点

（一）栽培季节

应根据鸡腿蘑出菇时所需要的最适温度以及当地气候变化特征，因地制宜，确定鸡腿蘑适宜栽培时间。一般可将旬均温度达到 20℃时的日期向前推移 30～40 天，作为当地的最适接种期。自然环境条件下，鸡腿蘑出菇季节为 3～6 月份和 9～10 月份。因而，菌袋培养一般提早 1～2 个月进行。我国中原地区一般秋栽在8～10 月份，春栽在 2～4 月份接种。长江以南地区秋栽在 9～12 月份，春栽在 12 月份至翌年 3 月份接种。

（二）发酵料床（畦）栽技术要点

1. 配料 根据本地条件，参照下列配方配料（以干重计）：①稻草 40%，玉米秸 40%，畜禽粪 15%，尿素 0.5%，磷肥 1%，石灰 3.5%。②玉米芯 94%，尿素 1%，磷肥 2%，石灰 3%。③稻草或麦秸 80%，畜禽粪 15%，尿素 1%，磷肥 1.5%，石灰 2.5%。④金针菇菌渣 73%，干牛粪 20%，尿素 1%，磷肥 2%，石灰 4%。⑤棉籽壳 94%，尿素 0.5%，磷肥 2%，石灰 2%，石膏 1.5%。⑥农作物秸秆 45%，废棉 45%，麦麸 10%。

上述配方仅供参考，各地应根据具体情况选择原料及组合配方，如豫、皖、鲁、苏、冀、内蒙古等地秸秆资源极为丰富，可灵活选择；东北三省及闽、浙、云、贵、川、陕等地木材资源比较丰富，可以木屑为主。实际生产中，必须对所选原料营养含量状况有所了解，并适当添加辅料，以期达到优质高产的栽培目标。

2. 堆制发酵 鸡腿蘑培养料发酵可参考双孢蘑菇的堆肥发酵方法。

（1）培养料预处理 根据配方将原辅材料称量。先将干料拌匀，然后逐渐加水拌匀，至料水比为 1∶1.5，pH 值 7.5～8。其中秸秆应切成段，畜禽粪须晒干并捣碎。先将秸秆和畜禽粪拌匀再将尿素、磷肥、石灰等辅料拌入。注意加水过程需循序渐进，否则会因一次性加水过多而流失，带走大量的速效营养成分，造成不必要的营养损失。

（2）建堆发酵 根据季节的不同，掌握料堆的宽度和高度：夏季高温季节可建高 1 米、宽 1～1.2 米、长度不限的梯形料堆，低温季节可将料堆的高、宽各扩大 0.5 米左右，以利于保温、保湿。料堆上约隔0.4米打一通到地面的的排气孔，以免造成厌氧发酵。观察20厘米下料温，当堆温上升至60℃以上时，进行翻堆。翻堆原则是：内外相调，上下易位。当堆温再次上升至60℃时维持3～5天，结束发酵。

3. 铺料和播种

(1)铺料　当料温降至30℃以下时就可铺料播种。播种前先选好菌种，并将菌种瓶(袋)口、瓶(袋)壁和掏菌种的工具等，用酒精棉球擦拭或用0.1%高锰酸钾溶液浸泡消毒。然后打开菌种瓶(袋)，挖除表面老菌丝，将菌种转入干净的容器内。菌种不宜太碎，尽可能保持1～2厘米的小块状。

(2)播种　播种方法有层播、穴播和撒播，一般多采用层播法。

①层播法：先铺一层料(5～7厘米)，撒上一层菌种，接着铺第二层料，撒第二层菌种，其余的料全部铺在第三层，撒上剩下的菌种。稍拍实拍平，最上面覆盖一薄层发酵料或湿麦麸，覆盖薄膜保湿。总厚度15～20厘米，每平方米用料20～25千克(以干重计)，菌种4～7瓶，菌种分配是上层占40%，中下层各占30%。

②穴播法：穴播即在铺好的料面上以10厘米×10厘米穴距挖穴播种。每挖1穴放入1块菌种，随即用料覆盖。播种完后，将余下的碎菌种撒在料面上，稍拍实，覆盖1薄层发酵料或湿麦麸。

③撒播法：撒播法多用于麦粒菌种。先将1/2料铺在床(畦)上，其余的料与2/3的菌种混合均匀后，覆盖在床(畦)料面上，余下的1/3的菌种全部撒在料层表面，最后覆盖1薄层发酵料或湿麦麸，覆盖薄膜保湿。

4. 发菌管理　发菌管理的目的是给予菌丝生长的适宜条件，促进菌丝尽快萌发和蔓延。管理工作的重点是控温、保湿，适宜通气和避光。一般播种后18～20天菌丝可发至料底。

播种后的前3天以保湿为主，一般不打开门、窗通气。温度较高时，可以在上午开几个通气孔短时通气，菇房空气相对湿度保持在85%～90%。播种3天以后，菌种萌发定植，可适当加大通风量，随着菌丝生长，通风量随之加大，将空气相对湿度控制在80%左右。

温度保持在22℃～26℃，温度高于25℃时，要加强通风散热。尤其播种3天后，随菌丝生长料温升高，要注意降温，严防烧菌。若菇房温度低于15℃，要增加保温措施。

5. 覆土及覆土后管理

(1)覆土　覆土的具体时间应依据菌丝的生长情况而定。一般是当菌丝长到料底或蔓延至料层2/3时覆土，大约在播种后18～20天进行。

覆土材料以选择草炭土为好，但国内大部分地区缺乏草炭土资源，实际生产中一般就地取材。生产实践表明鸡腿蘑覆稻田土与覆菜园土相比，不仅杂菌污染少，而且产量也较高。覆土材料使用前先用石灰水调pH值至中性，将含水量调为25%～30%。然后将调好的覆土材料均匀地撒在料面。覆土厚度(3～5厘米)依实际情况而定。料层较厚时覆土也随之稍厚，反之亦然。覆土较厚时，出菇较迟，鸡腿蘑数目少，但菇体肥大；覆土较薄时，出菇较快，菇体小，鸡腿蘑数目多。覆土的厚度还要视品种特性和覆土材料的结构而定。大粒(肥厚)型品种，覆土稍薄些，反之，则覆土应厚些，有利于菇体长大，适当减少出菇密度。有机质丰富、孔隙度大的覆土材料，覆土可厚些，黏性大、孔隙度小的材料覆土宜薄。

(2)覆土后出菇前的管理　覆土前期将温度保持在22℃～26℃，空气相对湿度为85%，仍保持黑暗，促进菌丝尽快布满覆土层。覆土后期，当原基开始形成，应将菇房温度降至18℃～20℃，空气相对湿度提高到80%～90%，并给予一定散射光，以利于菌丝扭结成原基。当土层表面有大量米粒状原基出现后，及时揭去塑料薄膜，转入出菇管理。

6. 出菇期的管理

(1)温度调节　子实体生长温度应控制在12℃～24℃。在保证适温条件下，适当拉大昼夜温差，白天维持在稍高状态，夜间加大通风降温，使昼夜温差达6℃～8℃，可促使出菇早，产量高。

(2)水分管理　调节空气相对湿度为85%～90%，原基和菌蕾期，不可直接向菇床喷水，只能向空间或地面喷水保湿。待幼菇形成和生长时，可直接向菌床喷雾状水，喷水量以床面湿润为宜，不能形成积水，以免病虫害侵染导致幼菇死亡。当菇房保湿性差，气温高，天气干燥，出菇多或者料层较厚时，喷水量适当加大；反之，酌情减少。在高温、高湿状态下，要特别注意菇房通风。

(3)通气管理　通气要和温、湿度的变化紧密结合。气温高，湿度大时，加大通风量。低温时，可在中午进行通风。有寒流时则关闭门窗和全部通风孔。

(4)光照　发菌阶段需要避光，子实体生长阶段则需要散射光，在子实体发育阶段，为了提高商品质量，大多选用黑色薄膜做拱棚(遮雨棚)，有利于抑制鳞片色泽褐变。

7. 采收后转潮期的管理　接种1次可采3～4潮鸡腿蘑。每采收完1潮菇后，及时将床面上的老菇根、残菇和烂菇清除干净，挖掉被污染的覆土，用调湿好的新土填平，再用pH值8的石灰水喷洒床面，使覆土和料层含水量达到适宜程度，盖好塑料薄膜养菌。待新一潮菌蕾形成后，揭去塑料薄膜进行出菇期管理，约8～10天，又可采菇。

(三)熟料袋栽技术要点

1. 配料　按以下配方配料：①稻草或麦草78%，棉籽壳15%，麸皮3%，石灰2%，石膏2% 。②棉籽壳92%，麸皮或米糠6%，复合肥2%。③玉米芯粉95%，尿素1%，磷肥2%，石灰2%。④木屑40% 棉籽壳40%，玉米芯18%，磷肥1%，石灰1%。⑤金针菇菌渣87%，米糠10%，石灰2%，石膏1%。⑥平菇或香菇菌糠45%，玉米芯21%，麦秸(玉米秸)20%，油饼5%，麸皮5%，磷肥

1%，石膏1%，石灰2%

2. 装袋配制方法 按照配方将主料、辅料混合均匀，加水拌匀至含水量65%。

生产上常用的塑料袋规格为(15～17)厘米×(33～35)厘米或24厘米×50厘米，厚0.04～0.06厘米。将已拌好的料均匀装入袋内，边装料边压实，上下一致。袋装好后进行封口灭菌。

3. 灭菌 常用常压蒸汽灭菌，当锅内温度达到100℃时维持10～12小时；若采用高压蒸汽灭菌，当压力达到0.147兆帕时，温度达126℃时保持2小时。灭菌后及时将料袋移入已清扫消毒的接种室或缓冲室冷却，待料温降至30℃以下便可接种。

4. 接种与培养 接种室在接种前应打扫干净，同时要进行消毒处理(气雾熏蒸消毒、紫外线消毒、石炭酸、过氧乙酸处理等)，在无菌条件下进行接种。接过种的菌袋放入培养室，进行培养发菌。培养温度控制在22℃～26℃，空气相对湿度为80%，避光养菌。3天以内不开门窗通气，以保湿为主，3天以后，早、晚各通风1次，随着菌丝生长应逐渐加大通风量。经30～35天菌丝可长满菌袋。

5. 脱袋覆土 鸡腿蘑具有不覆土不出菇的特性，因此无论何种栽培方式都需覆土。将已发好菌的菌袋，脱去塑料袋，排放于出菇场所，菌袋排放有2种方式，即横卧排放和直立排放。其中直立排放较横卧排放出菇快、污染率低，生物学效率较高。正常情况下，覆土后10～20天菌丝可布满床面并逐渐扭结成菌蕾，进入出菇管理期。此后的出菇管理同发酵料床(畦)式栽培。

6. 采收与加工 一般当鸡腿蘑的子实体长至七八成熟，子实体7～10厘米长，菌盖没有变松仍然包裹紧凑结实、无鳞片翻卷现象、菌盖光滑、洁白或有少量褐斑时，应及时采收(图4-1)。一旦菌盖变松，菌褶变黑，充分成熟即开伞。开伞后栽培的一种珍稀食用菌菌盖会自溶成墨汁状液体，只残余菌柄部分，便失去了商品价值。采收时，手捏着菌柄基部，轻轻旋转拔起。采收后的菇脚(菌部基部)坑,用土填好,且不留菇脚,以免生霉腐败,招致病虫害。采收第一潮菇后应为料床补充水分,以喷透覆土层为度。经过10～15天又可采收一潮鸡腿蘑,当季没有出完的,经过越冬或越夏后,在春季或秋季再出菇,每批投料可采收3～4潮。一般生物学效率为100%左右。棉籽壳基质可达150%,玉米芯、豆秸等可达120%以上,木屑可达100%以上,麦秸、玉米秸等可达80%左右。

图4-1　鸡腿蘑

(刘卿,2005)

鲜鸡腿蘑的贮藏期较短,适时采收的幼菇在4℃的温度下7天内不会自溶,而12℃时,同样的幼菇仅能保存4天。因此,鸡腿蘑采收后应及时冷藏、鲜销,或及时进行盐渍、罐藏或干制加工。鲜销时,由于鸡腿蘑种性所决定,菇体见风后,表面将出现褐色鳞片。为了提高商品外观,常用竹片将菇体表面的鳞片刮除,随后立即整齐置于垫有吸潮纸的塑料袋内,每包2.5千克,短期冷藏,及时用冷藏车运到市场或者加工厂。

思考题

1. 简述鸡腿蘑的形态特征。
2. 简述鸡腿蘑的生长发育条件。
3. 鸡腿蘑栽培过程中覆土的作用是什么?
4. 简述鸡腿蘑发酵料栽培与熟料栽培的异同点?

第五章　香菇园艺工基本技能

一、概　述

香菇隶属于伞菌目(Agaricalses)口蘑科(Tricholomataceae)香菇属(*Lentinula*),学名 *Lentinula edodes*(Berk.)Pegler。

香菇亦称香菌、香信、椎茸(日本)或冬菇。野生香菇主要分布于中国、朝鲜、日本、菲律宾、印度尼西亚、新几内亚、新西兰和尼泊尔等,俄罗斯萨哈林地区(库页岛)、泰国和马来西亚也有分布。我国主要产地是浙江、福建、台湾、安徽、江西、湖南、湖北、广东、广西、四川、云南和贵州等省(自治区)。

(一)形态特征

1. 子实体形态特征　香菇子实体单生、丛生或群生。菌盖圆形,直径通常 5～10 厘米,有时达 20 厘米,表面茶褐色、暗褐色,被有深色的鳞片。菌盖下面有菌幕,后破裂,形成不完整的菌环。菌肉厚,白色,坚韧,干菇具特有的香味。菌褶弯生,白色,受伤后产生斑点,生长后期变成红褐色。菌柄(1～1.5)厘米×(3～6)厘米,中央生或偏心生,内部结实,纤维质。菌环以上部分白色,菌环以下部分带褐色。孢子印白色,担孢子在显微镜下无色,椭圆形、圆筒形,一端稍尖,(3.4～4)微米×(5～7)微米。

2. 菌丝体形态特征　香菇担孢子萌发为单核菌丝,双核菌丝有锁状联合,白色,棉絮状,初始较细,色较淡,后逐步粗壮变白有伸向空间的气生菌丝,平伏生长的速度不等,一般每天生长 0.7～1 厘米,有爬壁现象,菌丝在琼脂培养基上生长一般不使培养基变色，在木屑培养基上可以形成茶褐色菌皮。通常中、高温品种在电冰箱中保存期间，可在试管内生长子实体。

（二）生活史

香菇的生活史和典型的担子菌的生活史基本相似，大体上是由如下9个步骤组成的：①担孢子萌发。②产生4种不同交配型的单核菌丝。③两条可亲和的单核菌丝通过接合，进行质配。④产生每个细胞中有两个细胞核的、横隔处有锁状联合的双核菌丝。⑤在适宜的条件下，双核菌丝形成子实体。⑥在菌褶上，双核菌丝的顶端细胞发育成担子，担子排列成子实层。⑦在成熟的担子中，两个单元核发生融合（核配），出现一个双元核（2n）。⑧在担子中的双元核立刻进行减数分裂。此时，双方的遗传物质进行交换、重组、分离，重新形成4个单元核（n），每个单元核分别通过担子小梗进入担孢子，最后在其顶端形成4个担孢子。⑨担孢子弹射之后（表示香菇的生活史结束），在萌发过程中，经常发生1次有丝分裂，表明生活史重新开始（图5-1）。

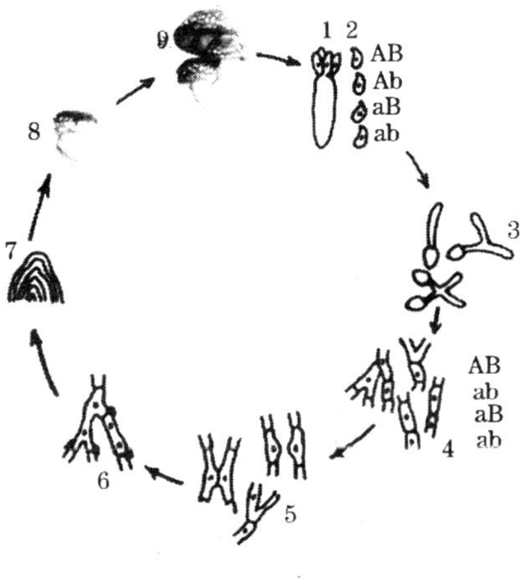

图5-1　香菇生活史

（仿杨曙湘，有改动）

1. 担子、担孢子　2. 不同极性担孢子
3. 担孢子萌发　4. 不同极性的单核菌丝
5. 质配　6. 双核菌丝及锁状联合
7. 原基　8. 菇蕾　9. 子实体

(三)生长发育条件

香菇的生活条件和其他食用菌一样,包括营养、水分与空气相对湿度、温度、光照和 pH 值等因素。

1. 营养 营养是香菇整个生命过程的能源,也是产生大量子实体的物质基础。丰富而全面的营养是香菇高产优质的根本保障。香菇是一种木腐菌,主要的营养成分是碳水化合物和含氮化合物,也需要少量的无机盐、维生素等。

2. 水分与空气相对湿度

(1)水 分

①对担孢子的影响:在适温 24℃(22℃～26℃)条件下,孢子在水中或适宜的培养液中萌发率达 80%～100%。在冰中存放 2 小时对萌发率没有影响,经 24 小时萌发率降至 50%～60%。在蒸馏水中能够萌发,但菌丝不能生长。

②对菌丝生长的影响:在锯木屑培养基中,菌丝体生长的最适含水量为 60%～70%(因锯木屑的种类、粗细而异);在菇木中适宜的含水量为 32%～45%,其中以 35%～40%最适宜,在 32%以下成活率不高,在 10%～15%时菌丝生长极差。

③对子实体的影响:子实体发生、生长发育都需要水分,菇木含水太多,香菇质地柔软,易腐,菌盖变深黑褐色;菇木含水量适宜,可以得到厚肉菇。在菇蕾的菌盖长至 2～3 厘米时,菇木水分不足,加上空气相对湿度低(刮风),雪后晴天,可以得到花冬菇。菇蕾生长初期,遇到霜冰易产生菇丁。在实际栽培中,把经过干燥抑制的成熟菇木浸在冷水中,可以通过温差刺激、湿差刺激和机械震动等措施,使香菇整齐发生,通过浸水时间的长短来控制每根菇木上香菇发生的朵数。

(2)空气相对湿度 香菇菌丝生长阶段,需要较干燥的环境,空气相对湿度保持在 60%～70%。空气相对湿度为 80%～90%

有利于出菇；菇蕾形成后，将空气相对湿度调至60%左右，可望培养优质香菇（花菇）。

3. 温度　温度是影响香菇生长发育的一个最活跃、最重要的因素。

（1）对孢子的影响　在潮湿的状态下，担孢子萌发的最适温度为22℃～26℃。在干燥状态下，在70℃下，经10分钟，萌发力受损害，经5小时孢子就死亡。香菇担孢子在24℃左右萌发最好，对高温的抵抗力弱，对低温的抵抗力较强。在45℃下，萌发率为1%～5%。

（2）对菌丝的影响　一般来说，香菇菌丝发育的温度范围在5℃～32℃，最适温度为24℃～27℃，在10℃以下和32℃以上生长不良，在35℃以下停止生长，在38℃以上则死亡。在低温范围内菌丝发育缓慢，从15℃起香菇菌丝生长加速，超过了25℃菌丝生长速度迅速下降。由于木材的保温作用，菇木内的菌丝可以耐比气温更低或更高的温度。即使在－20℃经10小时也不会死亡。在40℃下，经20小时仍然存活，在45℃～50℃下很快就死亡。接种后烈日的暴晒有可能达到这种温度，菌种很容易死亡，即使不死，也会停止生长，容易受杂菌侵害，这就是高温引起的伤害。

（3）对原基分化和子实体发育的影响　香菇是低温和变温结实性的菇类。原基在最适的低温条件下开始分化，这种最适的低温条件随着不同的栽培菌株而有不同。当气温和水温相差10℃以上时，把成熟的充分发菌的菇木浸水若干小时，给予温差、湿差刺激、击木刺激等可以促使香菇整齐发生。香菇原基在8℃～21℃下分化，在10℃～12℃下分化最好。子实体在5℃～24℃范围内发育，8℃～16℃为最适。从原基变成子实体的适温是20℃。香菇子实体的形状和产量同样受到产菇期间温度的巨大影响。一般来说，低温品种在低温条件下菇体质量好，而高温品种则需在高温条件下出菇才好。

4. 空气　香菇是好气性真菌，足够的新鲜空气是保证香菇正常生长发育的重要条件之一。当空气不流通、不新鲜、氧气不足时，香菇的呼吸过程受到抑制，菌丝的生长和子实体的发育也就受到抑制并导致死亡。缺氧时菌丝借酵解作用可以暂时维持生命，但消耗大量的营养，菌丝易衰老，死亡快。因此，在通风良好的场所栽培香菇，才能得到好的收成。

5. 光照　香菇是需光性的真菌，强度适宜的漫射光是香菇完成正常生活史的一个必要条件。在菌丝营养生长阶段完全不需要光照。光照会抑制香菇菌丝的生长。长时间光照后，香菇菌丝会产生特殊的反应，菌种表面产生褐色被膜(俗称菌被或菌皮)，随着光照强度的增加，菌丝生长速度下降。相反，在黑暗条件下菌丝生长最快。

为诱导香菇子实体形成，在营养生长阶段必须给予适当的散射光。代料栽培时，菌丝培养阶段给予30天以上的光照有利于出菇，特别是在培养的中后期，室内必须有200～600勒的散射光。

6. 酸碱度　酸碱度也是影响香菇生长发育的主要环境因素之一。

(1)培养基的pH值对菌丝的影响　香菇菌丝生长几天后，培养液的pH值很快下降。这是由于香菇产生了几种有机酸，如醋酸、琥珀酸、草酸的缘故。培养液的最适pH值是5～6，随着菌丝培养时间的延长，菌丝量的增加，代谢产物的累积，培养基pH值逐渐下降，降至pH值3.4后，开始形成子实体原基。pH值3.5～4.5适宜香菇原基的形成和子实体的发育。在培养基中积累的有机酸至少有一部分可能通过使培养基酸化来促进子实体的发生。

(2)菇木中的pH值对生长发育的影响　香菇菌丝在木材中，随着高分子化合物，如半纤维素、木质素的分解，消耗木材中可溶性的成分而生长发育。香菇菌丝生长之后，菇木中的pH值是很低的，一般为3.7～3.8，平均3.67，而且几乎是恒定的，据推测，这样低的pH值可能有利于出菇。

二、香菇用林的培育与利用

（一）常见与常用菇树

能够生长香菇的树木，称之为菇树。成片生长的菇树称为菇（树）林。人工栽培的木腐型食用菌中，包括香菇、耳类、平菇、金针菇、猴头菇、滑菇、灵芝、茯苓、灰树花等，除茯苓需用松木栽培外，其余均用不含芳香油类物质的阔叶树段木栽培。三大段木栽培品种——香菇、木耳和银耳有一些共同的适宜树种，如栎属的栎、麻栎、栓皮栎，杜英属的华杜英、薯豆等。由于香菇、黑木耳、银耳生理特性的不同，所以香菇、木耳、银耳各自的适用树种也存在一定差异。如桑树、构树，用于银耳栽培效果良好，但用于香菇栽培则效果不佳；又如油桐、乌桕用于黑木耳栽培堪称上乘，但用于香菇栽培则并不适宜。我国食用菌栽培用树的种类十分丰富。据不完全统计，可用于香菇、黑木耳、银耳栽培的树种不下200种，涉及的科在30个以上。其中绝大多数属壳斗科、桦木科、金缕梅科和槭树科，此外还有豆科、野茉莉科、大戟科等的部分种。常用树种有栎、麻栎、蒙古栎、栓皮栎、白栎、刺栲、苦槠栲、罗浮栲和枫香树等。

（二）香菇用林的培育和利用

1. 合理采伐　合理采伐是实现采育结合的关键之一，其本身就能起到抚育和更新森林的作用。合理采伐包括采用恰当的采伐方式和适时采伐两方面。

（1）选择采伐方式　森林采伐有皆伐、采育择伐和二次间伐等方式。目前，我国林业生产对皆伐有严格限制和具体规定。为了保护生态环境、合理利用林木资源，菇林一般不宜采用皆伐方式。采育择伐也称采育兼顾法，其特点是把培育森林和取用木材结合起来,保护森林的环境不受破坏,维持森林的再生能力。在采伐时做到采大留小、采次留好、间密留稀。采留比例一般为采不大于6(留不小于4)。实行采育择伐可以做到青山常在,越采越多,越采越好。

(2)树龄和树径　合理采伐除应因地制宜地选择采伐方式外,还应考虑树龄和树径问题。因为采伐菇树的目的是获得栽培香菇的段木,而菇树的树龄直接影响香菇的产量、质量和森林更新。树龄太小,不仅浪费资源(材积小),而且幼龄树材质疏松,养料不够,接种后只长菌丝不长子实体,或者子实体早、密、小,质差量少。同时段木细小容易干燥,接种及管理均不方便。树龄太大,树皮厚,心材粗,香菇菌丝体可以降解利用的边材部分的比例反而变小。同样材积的段木,适龄树的可利用表面积大于树龄太大树的表面积,且后者出菇晚,产量低。

2. 菇林的培育

(1)及时更新菇林　菇林采伐之后,要在当年更新,最迟也要在翌年进行更新,以确保青山常在,力争越砍越多。森林更新一般有3种方式,即人工更新、天然更新和人工促进天然更新。树中的栎类,如麻栎、栓皮栎、白栎等伐后萌芽再生力强,而且多代不衰。利用这一特点,菇农广泛采用萌芽更新的方法,更新菇林。

(2)改造次生林,提倡菇林纯林化　在我国的食用菌段木栽培区域中,许多地方的天然菇林都是针阔叶树种混生的次生林,纯菇林很少。这类次生林往往树种混杂,疏密不均,林龄参差不齐,单位面积的蓄积量低,不利于发展菇类生产。

(3)发展新菇林　营造菇林通常采取挖穴直播方式。造林时应注意如下几点:①选用良种。选用营养丰富、产菇量高、质量好的壮龄菇树作为供种母树。麻栎类通常选树龄25～40年、生长健旺的母树作为采种对象,种子(俗称橡子)发芽率应达85%左右。②适时播种。麻栎类可于霜降后采种,随采随播。这样做比用陈种子过迟播种效果好得多。③合理密植。一般采用1.2米×1.2米或

1.7 米×1.7 米的株行距穴播。土层薄的密度可大些，土层较厚处密度宜小些，每穴用种 3～5 粒。④封山育林。造林后，应封山育林，严禁放牧和割青，防止人、畜践踏，以利于幼嫩树苗正常生长。

（4）抚育管理　俗话说“三分营造，七分管理”；“营造是基础，管理是保证”。无论是天然林更新育林，还是荒山荒地人工造林，抚育管理与造林成效关系极大。从挖穴播种、砍茬抽芽或栽下树苗开始，一直到森林成熟进行采伐时为止，自始至终都应该加强林木的抚育管理，努力改善林木生长条件，促进林木迅速生长。幼林、成林情况不同，抚育的措施和侧重点也有所不同。幼林抚育主要包括除草松土、间苗补植、施肥灌溉和除蘖去蔓等工作。

三、工艺流程

（一）香菇段木栽培的工艺流程

香菇段木栽培的工艺流程如图 5-2 所示。

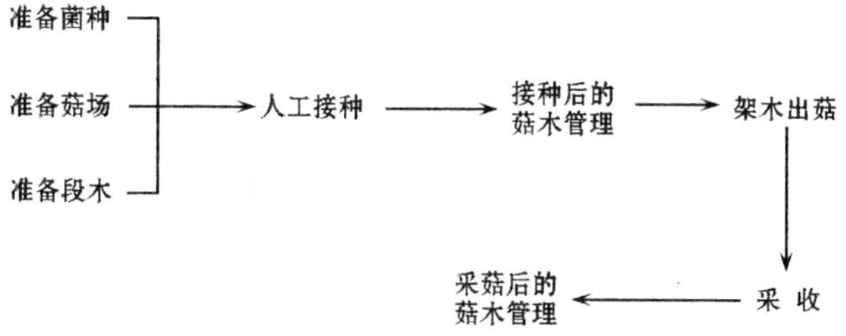

图 5-2　香菇段木栽培工艺流程

（二）香菇袋式栽培工艺流程

香菇袋式栽培的工艺流程如图 5-3 所示。

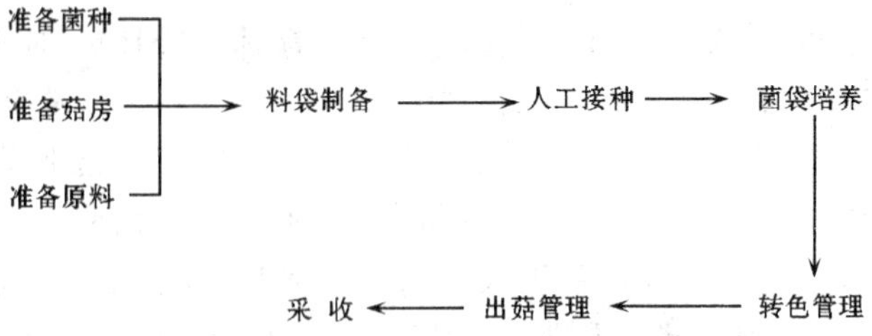

图 5-3 香菇袋式栽培工艺流程

(三)香菇畦式栽培工艺流程

香菇畦式栽培的工艺流程如图 5-4 所示。

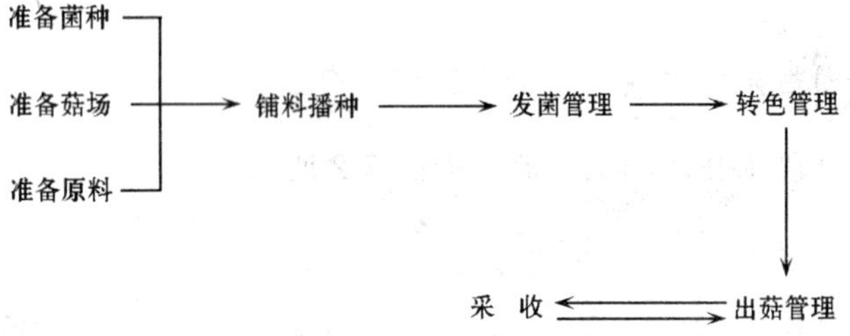

图 5-4 香菇畦式栽培工艺流程

四、技术要点

(一)段木栽培的技术要点

1. 准备菌种 用作段木栽培的香菇菌种的种型主要有锯木屑菌种、木块菌种和液体菌种 3 大类,它们都是香菇菌丝体的纯培养品。菌种遗传性状的优劣，以及菌丝体活力的强弱，直接影响香菇段木栽培的产量和质量。因此，做好菌种准备工作十分重要。

(1)选用优良菌种　检验菌种遗传性状优劣的客观标准是栽培实践。

(2)检查菌种的成熟情况　在生产中，利用培养成熟的菌种可以提高接种成活率。判断菌种是否成熟或老化，一般可以从 3 个方面观察分析。

①观察菌种是否成块状：健壮菌种的气生菌丝体非常旺盛，伸展到某一程度就互相连接，将培养基包成块状，成为相当坚韧的菌块，这是良好菌种的一个标志。

②观察菌种表面是否正常：香菇菌种培养太久，菌皮逐渐加厚而褐变，与菌盖表面的颜色相似。当菌种表面出现这种颜色时，表示菌种已经老化。老化菌种的再生力弱，且易感染杂菌。如果发现杂菌污染，就及时淘汰。这样的老化菌种与未成熟菌种一样，接种后菌丝体不易伸长到段木内部，定植成活率低，不宜利用。

③观察培养基变色是否均匀：香菇是白腐型木材腐朽菌，木材经过菌丝体利用后便腐朽成浅黄白色。培养基变色均匀，表明菌种已经成熟。

2. 场地的选择和清理

(1)选择场地　香菇菌丝体生长阶段和子实体发生阶段对温度、湿度、光照、通气等生态因素有着不同的要求。若能采用两场制栽培香菇，在发菌场培养菌丝体，在出菇场架木出菇，则更有利于获得高产。

(2)清理场地　菇场选定以后，必须认真地进行场地清理。清理场地的主要目的是，力求创造适于香菇生长发育，而不利于杂菌、害虫孳生危害的生态环境。

3. 准备段木

(1)选择菇树　林地考察和人工栽培实践表明，菇树必须具备如下几个条件：①不含芳香油类有毒物质，可供香菇菌丝体腐生利用。②树皮厚薄适中，且不易脱离，利于调温调湿，减少杂菌侵染的机会。③木质适当坚实，边材多，心材较少，有利于香菇菌丝体充分分解利用。常见的壳斗科、桦木科、金缕梅科等阔叶树符合上述条件，而且多为出菇较多、出好菇的上等菇树。

(2)树径和树龄　为了便于操作管理，段木栽培不宜选用过粗的树木，一般以胸径 12～20 厘米较为合适，树龄 10～25 年为宜。树皮较薄的树，如枫香、茅栗等，树龄可以大些；树皮较厚的树，如栓皮栎，树龄可小些。薄皮树出菇快，但所产香菇菌盖较薄，且菌肉松泡；厚皮树出菇较慢，所产香菇质量较好。

(3)准备段木　准备段木主要包括砍树、原木干燥、剃枝截干，以及段木进场等项生产工序。

①适时砍树：香菇生长发育所需要的养分和水分均来自菇木，因此适时砍树对于提高菇木质量很重要。

②适当干燥：为了有利于香菇菌丝体腐生定植，菇树砍伐以后(称为原木)、接种前需要适当进行原木干燥。

③剃枝截干：原木经适当干燥后，便应及时剃枝截干。

4. 人工接种　因为菌种种型的不同，段木栽培的接种工作可以分为锯木屑菌种接种法和木块菌种接种法。锯木屑菌种和木块菌种均是香菇菌丝体的纯培养品，如有杂菌污染，菌种生产期间就要予以淘汰。只要贮运过程中精心管理，接种前仔细检查，然后用其接种就比较可靠。

(1)纯菌丝种的活力鉴定　纯菌丝种质量的好坏直接影响接种后的定植成活率。所以，接种前对所用菌种必须普遍进行 1 次认真的质量检查，选用色正、味香、新鲜，而且活力强的优良纯菌丝种，淘汰不合格的菌种。鉴定菌种活力可以采用再生试验法，具体做法有如下两种：①在无菌条件下打开菌种瓶盖，用无菌铁丝钩或镊子揭掉菌种表面的菌膜，待露出淡黄色木屑菌种后，将瓶盖复原，放回室内培养。②在无菌条件下，将瓶内的锯木屑菌种引种到PDA培养基上，培养观察。在适宜的温度（22℃～25℃）下，经过上述办法处理后，如果2～3天内再生出强壮的气生菌丝体，五六天后淡黄色的锯木屑便被白色菌丝体所覆盖，就表示菌种新鲜，而且活力强。相反，如果菌丝体再生力弱，不萌发，或者萌发迟缓，则表示菌种已经老化，不宜利用。在常温下保存的隔年（过了1个夏天）菌种，生活力已大为下降，接种后的成活率低于30%，应禁止销售与利用。

（2）接种期　段木栽培香菇的接种期因地而异，主要根据菇场的月平均气温来决定。一般气温在5℃～20℃均可进行接种。其中，以月平均气温10℃左右最好。一般年份，长江流域宜在2月下旬至4月份进行段木接种，最好在3月上旬完成接种任务，清明前过定植关。华南地区冬季气温较高，可在12月份至翌年3月份接种，不宜超过3月份。华东地区的福建各地，砍树接种均可在11月上旬至翌年1月上旬进行，但是最适接种期是11月下旬至12月上旬。

（3）接种工具　在段木接种之前，必须准备好成套的接种工具，以免影响接种工作。接种锯木屑菌种、枝条种或棒形木块菌种，均可以用皮带冲加工制作的打孔器，或者用特制的1.8～2.7千克（4～6磅）重锤形打孔器打接种穴。为了便于接种，又有利于接种以后菌种的定植成活，接种锯木屑菌种宜用12～13毫米的打孔器。接种枝条菌种或者棒形木块菌种，则应根据枝条或者棒形种木的直径，选用相应规格的打孔器，一般多用口径9～11毫米的打孔器。如果能用电钻打孔，则既可以大大提高效率，又有利于保证接种穴深度。接种锯木屑菌种，除了要有打孔工具外，还要配备相应的打盖工具，口径大于接种穴2毫米的皮带冲冲取树皮盖。

（4）接种方法及注意事项

①接种锯木屑菌种：接种锯木屑菌种主要包括3道工序：打接

种穴、放菌种、盖盖子。打接种穴应该注意的是合理密植，深浅适中。接种穴的深浅各地比较统一，多为1.8～2.5厘米，但接种密度变化较大。一般来说，长1～1.2米、直径12厘米的段木，接种4行，每行5～6个接种穴较为合适。既省工省菌种，又可望获得较好的经济效益。段木按一定的规格打好接种穴后，应及时装填菌种，以免杂菌与害虫乘虚而入。加盖树皮盖、木片或玉米芯盖子的技术要领是锤平密封。为了提高定植成活率，接种工作的3道主要工序——打接种穴、装填菌种、盖盖子或者涂蜡，最好固定专人操作，实行流水作业，全部工序当天结束。

②接种木块菌种：木块菌种分为楔形和棒形2种。接种楔形木块菌种，先把段木梢端靠在枕木上，用斧形凿在段木上凿成深约2厘米的裂口，裂口与段木纵轴呈45°角，然后将楔形种木插入裂口中，用锤子或锄头敲紧，使种木与段木裂口密合。其接种密度应大于接种锯木屑菌种的密度。接种枝条种时，段木上打接种穴的方法和密度与接种锯木屑菌种相同，而枝条菌种的植入方法与上述棒形木块菌种相同。只是因为枝条的粗细不一，接种前需要按其粗细分类，然后选用相应口径的打孔器或电钻打接种穴，再进行接种。正因为枝条菌种在利用中比较麻烦，所以已逐渐被其他种型所取代。

5. 接种后的菇木管理 接种后的段木称为菇木。所谓菇木管理，就是根据菇场的地理环境和天气情况，不断地创造适宜香菇菌丝体生长发育及其子实体发生的良好条件，有效地抑制杂菌、害虫的孳生及危害，做到增产增收。

(1)菇场荫蔽与菇木堆叠 在菇木管理期间，创造合适的遮荫环境，兼有调节温度、湿度，促进香菇菌丝体生长，抑制杂菌发生的作用。所以，菇场遮荫必须随季节变化而采取相应的措施。冬、春季节，段木接种到定植成活，需20天到1个月的时间。高温期间，菇木宜用覆瓦式(图5-5)摆放，前端离地50厘米左右，以利于吸潮。堆面离荫棚约 2 米，可以避免灼热阳光的烘烤。在采用顺码式和井叠式堆放菇木时，堆底应垫离地面 25 厘米左右。从便于操作和充分利用场地等方面考虑，堆高可达 1.5 米。

图 5-5　菇木的堆叠方式

1. 顺码式　2. 井叠式　3. 坡地覆瓦式　4. 平地覆瓦式

(2)翻堆与浇水　菇木发菌期间，大多采用上述井叠式和覆瓦式堆放。覆瓦式通风良好，管理方便，翻堆次数少，比较省工，适于地势比较平坦的菇场在高温期间采用。较狭小的场地，或者坡度较大的梯形场地，高温多雨季节宜采用井叠式堆放菇木，此法占地最少，但其上、中、下部干湿差较大，需要增加翻堆次数，才能使每筒菇木发菌均匀。另外，蜈蚣式摆放菇木(图 5-6)通风最好，常常在较潮湿的地方采用，此法的缺点是占地太多。不过，无论采用什么方式堆放菇木，都必须适时翻堆。

(3)菇木发菌情况的检查　接种以后，需要经常观察香菇菌丝体是否在菇木中正常蔓延，尽早地发现不良情况，以便及时采取相应的补救措施。

①香菇菌丝体在菇木中正常蔓延的特征：一是在接种后的3～4 周，检查香菇菌丝体在菇木中的定植成活情况时，如果温、湿度适宜，可以看到树皮盖上或者种木的头部呈白色，或者在其边缘形成白色的“菌丝圈”；二是接种以后 2～6 个月，菇木表层逐渐菌丝

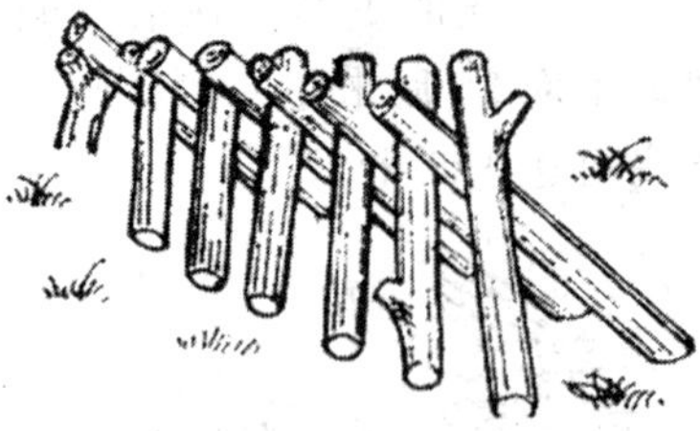

图 5-6 蜈蚣式摆放菇木

化，手摸菇木有松软的感觉。春末气温回升较快，香菇菌丝体在菇木中迅速蔓延，翻堆后原有的菌丝圈逐渐消失，剖开小块树皮，可见接种穴周围的菌丝体在菇木的形成层呈纺锤形发展，菌丝斑呈粉黄色，具有浓郁的鲜菇香味；三是发菌良好的菇木，当年秋天可以收到“报信菇”。报信菇的有无和多少，是衡量菇木管理工作好坏的一个客观标准。

②菇木发菌不良的特征：一是接种后检查定植情况时，接种穴周围没有“菌丝圈”，树皮盖或者种木干缩松动，甚至脱落，锯木屑菌种变成干糠状，这就表示菇木含水不足，且环境过于干燥，污染杂菌后的菌种往往变成黑色，也表示接种失败；二是菇木树皮破裂翘起，严重时菇木开裂，手摸树皮毫无松软的感觉。这是菇木过于干燥，也可能是被阳光直接照射造成的。出现这种现象，说明菇场荫蔽不够，前期保湿工作做得不好，必须尽快浇水保湿，改善荫蔽条件；三是由于砍树太迟，段木干燥不够，接种后又遇多雨天气，或者浇水太多，菇场湿度太大，导致段木再生发芽。如不尽早摘除树芽，让菇木迅速干燥，最终必将导致营腐生生活的香菇菌丝体饥饿而死；四是发菌不均匀。菇木堆中不同部位的菇木，香菇菌丝体蔓延情况差别很大，应该尽快改变堆放方式，增加翻堆次数，调节菇木干湿度；五是大量出现杂菌。通常把菇木上除了香菇以外的其他菌类统称为杂菌，包括可以食用的银耳和木耳类。

6. 架木出菇

(1)出菇场地　如前所述，由于受人力、物力，特别是交通运输条件的限制，我国目前多是采用一场制栽培香菇。栽培结果表明，只要管理得当，也能获得较好的收成。但是，必须尽可能使出菇期间的湿度高于发菌阶段，空气相对湿度以75%～90%为宜。同时，出菇期间菇木应该有六七成的荫蔽，其水源条件应该尽可能地优于发菌阶段。

（2）菇木鉴别　根据香菇菌丝体在菇木中生长蔓延的情况，鉴别菇木发菌好坏，以及是否即将出菇，这叫做菇木鉴别。方法如下：一是观察菇木。如果树皮与砍伐时差别不大，没有杂菌，表示菇木发菌情况可能较好；二是轻轻按压树边，如果手感松软，表示菇木表层已经菌丝化；揭开小块树皮，可见形成层变成黄白色或黄褐色，且具有鲜香菇的香味，即是菇木表层发菌良好的象征；三是用刀背或手指敲打菇木，如果发出半浊音或者浊音，说明菌丝体生长较好。如果声音清脆，便是发菌不良的征象；四是仔细观察树皮，如果发现菇木表面有若干"十"字形裂口，并且在裂口处或者接种穴边缘已有瘤状突起，表示即将出菇，这便是发菌很好的标志。

（3）补充水分，喷水催菇　春天，天气逐渐暖和。当日平均气温稳定超过5℃的时候，先给发菌良好的菇木补充水分，保温、催蕾，然后架木出菇，具有省工、省水、出菇整齐和便于管理的特点。水源条件较好的菇场，宜在较高处筑池蓄水，利用自然落差形成的水压，用塑料管或者钢管引水自流浇灌。有的地方采用浸水打木法催菇。值得注意的是，无论采用哪一种方法补水催菇，都必须1次补足。只有1次补足水分，出菇才整齐，才能保证菇蕾正常生长，达到高产优质的目的。

（4）架木出菇　为了有利于子实体生长，便于采摘香菇，菇木经过补水催蕾以后，必须适时架木出菇。通常采用的架木方式有2种：一种是"人"字形架木，另一种是覆瓦式架木。菇木上端离地面50厘米左右，菇木间应留有10厘米左右的间隙，以利于子实体接收一定的光照，正常长大，同时也方便采摘。

7. 采　收

（1）采收标准　香菇的子实体发育包括双核菌丝扭结，子实体原基(或称为盘状体)、菇蕾,伸长期,成熟期,过熟期等阶段。从开始见到菇蕾,到子实体成熟,开始有节奏地弹射担孢子,所需时间差别较大。当日平均气温低于5℃时,需要30多天才能完成这一过程。当日平均气温高于18℃时,只需要7～10天就可完成这一过程。人工栽培的香菇子实体菌盖直径(成熟期)的变幅为2～20厘米,但多为4～8厘米。香菇菌盖菌肉肥厚,白色,幼嫩时为韧肉质,老时近革质。

(2)采收方法　采收香菇时,用拇指和食指钳住菇柄根部,轻轻旋起即可。采收香菇,不可用大箩筐或塑料袋、麻袋盛装,防止鲜菇相互挤压变形,或因通气不良而变质,最好用小篮盛装,每篮装5千克左右为宜。采满后及时摊晒或烘烤加工。

8. 采菇后的菇木管理　当月平均气温超过18℃的时候,菇木便很少出菇。这种温度的起止日期,各地差异较大。例如,湖北省一般从5月下旬(小满)开始,一直到9月下旬(秋分),平均气温都在18℃以上,历时4个多月,是菇木的越夏养菌时间。采完春菇以后,做好菇木的越夏管理,给菌丝体创造一个休养生息的环境,既关系到当年秋菇的产量,更影响翌年出菇。已经出过菇的菇木,较易吸收水分,也易遭杂菌和害虫为害,更要注意防止夏季的高温、高湿造成菌丝体衰竭死亡。荫蔽不够的菇场要迅速采取补救措施,既要避免中午前后的烈日直射菇木,也要防止东西斜向的阳光照射菇木。伏旱年份则应在加强荫蔽的同时,适时浇水保湿,供给菇木中的菌丝体生长发育所必需的水分。收完秋菇以后,慢慢进入寒冷干燥的冬季,菇木也难以出菇。菇木越冬管理的主要任务是,将菇木堆放在背风向阳的地方,适当覆盖,保温、保湿,培养菌丝体。立春以后,气温逐渐回升,则应适时浇水催菇,清理出菇场地,为夺取段木种菇的高产优质做好准备。

(二)袋式栽培的技术要点

1. 准备菌种

(1)菌种的选择　在自然界，香菇是中温(24℃～25℃)恒温发菌(营养生长)、低温(7℃～21℃)变温(昼夜温差10℃左右)结实类食用菌。但是，由于长期进行人工选择的结果，香菇菌种出现了若干种温型。如通常所说的高温型(高温发生型的简称，下同)、中温型、低温型、中高温型、中低温型等，其子实体发生的最适温度分别为15℃～25℃、10℃～20℃、5℃～15℃、12℃～22℃、8℃～18℃。其中，高温型菌株(如7925)可在中温或低温环境中出菇，所以高温型亦称周年发生型。而低温发生型则不能在中温或高温环境中出菇。目前，用于花菇培育的菌株主要有L241-4、L135、L939、L9015、Cr-20(Cr-04)。前4个菌株均属中低温型香菇种，Cr-20属于中高温型香菇种。

(2)菌种生产　菌种生产包括生产日程、生产数量和质量检查等项内容。

①生产日程安排：进行规模化香菇代料栽培，菌种用量较大，所需菌种应在料筒(料袋)生产之前培养好，菌龄60～90天为宜。菌龄太短或太长，接种后定植成活缓慢，不利于提高菌筒(菌袋)成品率。尤其是越夏菌种的成活率低，易感染杂菌，应杜绝使用。菌种生产的具体日期，应根据料筒生产日程确定。

②菌种用量：菌种用量主要由栽培规模和接种密度决定，以每袋接种4～6穴计，每千克菌种可接种70～80袋。菇农应根据栽培计划，提前向信誉好的菌种厂订购菌种，并提出主栽品种名称、菌种数量及质量要求。不宜临时到处求购，“饥不择食”者往往失败。

2. 准备原料　用代料栽培香菇需要多种原料。现以杂木屑为主要培养料、生产规模为10 000袋为例，将所需原、辅材料的种类及其数量分述如下。

(1)原料类　主要指配制培养料所需的物资。①杂木屑用量按每袋(15 厘米×55 厘米)0.8 千克(干重,下同)备料,即每万袋需准备木屑 8 吨。提前建堆、淋水让其自然发酵,中间翻拌 2～3 次,堆积半年以上再利用。棉产区可用棉秆粉代替部分木屑(详见培养料配方)。②麦麸或米糠 1.6～2 吨,要求新鲜,无霉变、生虫现象。③糖 100 千克,白糖、红糖均可。④石膏粉 100～200 千克(生石膏粉需 200 千克,或熟石膏粉 100 千克)。

(2)辅料类　主要指制料筒的塑料袋、胶布、薄膜等物资。①聚乙烯塑料袋 10 000 个,或所需 PE 塑料筒(双层扁宽 15 厘米,单层厚 0.05 厘米)80 千克。②封口胶布 40～50 筒,或 PE 塑料袋(宽×长×厚:17 厘米×50 厘米×0.03 厘米)10 000 个(套袋,代替封口操作)。③农用塑料薄膜(宽 2.5～3 米,厚 0.06～0.08 厘米)50～60 千克。④其他物资如酒精、甲醛、高锰酸钾、生石灰、气雾消毒盒、线团等适量。代料栽培香菇,除了辽宁省以北部分地区可进行生料栽培外,其余地区均应进行熟料栽培。

进行熟料栽培,必须提前建造安全、实用、节能的灭菌灶或灭菌锅。灭菌锅的数量决定于生产规模。目前,国内多采用简易灭菌锅,也就是说没有配套的产汽锅炉。灭菌锅的生产周期为 1～2 天,容量 500～1 000 袋的中小型灭菌锅,每天 1 锅;容量 1 000～2 000 袋的大中型灭菌锅,每 2 天 1 锅。同一个地区一个栽培季节,料袋的生产日期一般为 20～30 天。若当年计划栽培 30 000 袋,每天应制料袋 1 000～1 500 袋。如果灭菌锅的容量为 1 000 袋/锅,灭菌周期以每锅 2 天计算,应建 2～3 个灭菌锅。简易灭菌锅应提前 30 天左右建造,以保证灭菌效果,延长灭菌锅使用寿命(如图 5-7)。

3. 准备菇房

(1)菇棚建造　花菇培育包括 3 个阶段,依次为低温、变温催蕾阶段,干燥、强光催花阶段,间歇养菌阶段。然后再催蕾、催花、采收、养菌，往复循环，直到菌袋养分基本耗尽。目前用于培育花菇的菇场有2种：一种是在荫棚内构筑畦式菇场，另一种是搭盖立式层架菇棚。

图 5-7　简易灭菌锅

（黄毅，1998）

（2）**大田畦栽菇棚的建造**　室外大田畦栽菇棚由荫棚和畦式菇场两部分组成。

①室外荫棚的建造：选择水源方便的室外空地或大田，搭盖荫棚，根据栽培数量确定荫棚面积。一般1个荫棚（菇场）不超过667平方米。荫棚高2.5～3米，棚架力求牢固，上盖茅草或塑料遮阳网，周围用茅草、芦苇，或用农作物秸秆适当遮挡，做到既可遮阳通风，又可免遭禽、畜践踏危害。用于反季节栽培的蔬菜塑料大棚，外加遮阳网即可作为培育香菇的荫棚。

②畦式菇场的建造：畦式菇场设于上述遮阳棚内，长度依荫棚地形而定，畦宽1.2～1.4米。畦面平整或略呈龟背状，上设梯形菌袋（菌筒）架，畦面纵向拉铁丝，铁丝间距20厘米，离畦面25厘米，中间适当支撑，以保证承重后仍与畦面平行。畦间预留人行通道，菇场四周开沟排水（图5-8）。

（3）*立体式层架式菇棚的建造*　设置在荫棚内的畦式菇场，原本是用于脱袋式培育普通香菇（板菇）的菇场，部分菇农现将其改作花菇培育基地，虽然可以培育出花菇，但管理难度较大。目前普遍采用的是两场制培育花菇，即在畦式菇场养菌催蕾，另建一立体层架式菇棚培育花菇。为便于除湿催花，层架式菇棚不宜过大，故常有小棚立体袋栽花菇之说。菇棚长6.5米，宽2.5米，高2.5米，菇棚两端用砖砌成山墙，中间留1个高1.8米、宽0.5～0.6米

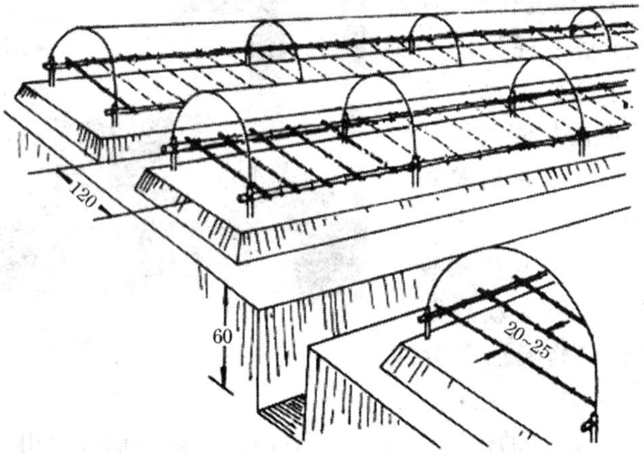

图 5-8　香菇栽培畦和浸水沟

（单位:厘米）

的门。棚内的人行通道与门等宽,两侧各 1 米宽,各设 2 排床架。床架上下 5 层,层距 35 厘米,底层离地 25 厘米(图 5-9)。每个菇棚可摆放直径 15 厘米的大袋 500 袋,或直径 10 厘米的小袋 650 袋。层架式菇棚的上方应有天然荫蔽或人工荫棚,荫蔽度依季节变化。一般以冬春"七分阳,三分阴",春末夏初或秋季"七分阴,三分阳"为度。各地可根据香菇生长发育阶段变化,结合光照、气温情况对荫蔽度做适当调整。

4. 料袋制备与接种

(1)生产日程　我国的代料香菇产区,多数采用秋栽模式,一般 8 月下旬至 9 月中旬制作料袋。也有少数地方(如河南省泌阳)采用春栽模式,3～4 月份接种,在夏季高温到来之前菌袋发菌成熟,转色后顺利越夏。

(2)配料　代料栽培香菇的主要原料是杂木屑,其次是甘蔗渣、玉米芯、棉籽壳、棉秆粉等。近年来,人们对生态农业、可持续发展农业的认识日益深刻,棉产区可望利用棉秆粉代替锯木屑,实

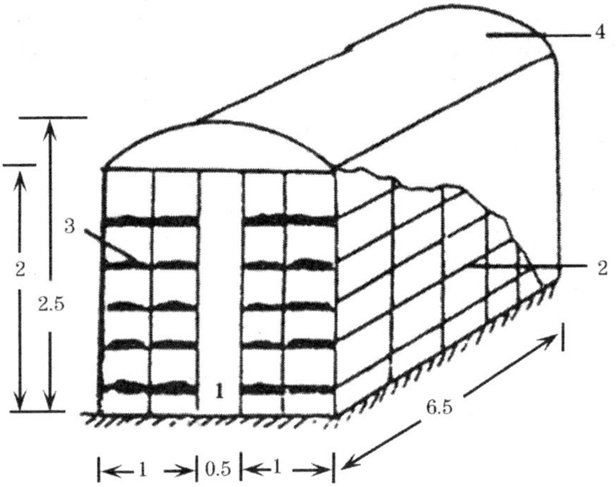

图 5-9　立体层架式菇棚示意图

（单位：米）

1. 菇房通道　2. 层架　3. 菌筒（袋）　4. 塑料膜

现真正的代料种菇。代料栽培香菇的培养料常用配方见表 5-1。

表 5-1　代料栽培香菇的培养料常用配方　（%）

配方	木屑	棉秆粉	棉籽壳	甘蔗渣	麸（糠）	玉米粉	糖	石膏粉	碳酸钙	硫酸镁	过磷酸钙
1	78				20		1	1			
2	78				16	2.5	1	1.5	0.5	0.2	0.3
3	39			39	20		1	1			
4	80				18			1	1		
5	73		10		15			1	1		
6		68	10		20		1	1			

（3）拌料　根据灭菌锅的有效容积，按选定的培养料配方称

料。先将木屑、甘蔗渣、棉秆粉、棉籽壳、麸、糠、石膏、碳酸钙等不溶性干料混拌均匀，将糖、尿素等可溶性辅料用清水配成母液，分次加水混入干料，用铁锹来回翻拌5次以上，或用拌料机搅拌数分钟，致培养料含水量保持在55%～65%（视制筒时的气温、木屑颗粒和菌袋大小而定）。培养料的含水量可用水分测量仪检测，也可用"握料法"来判断。因培养料水分测量仪尚需完善，所以目前多用"握料法"。

（4）装袋（填料） 将配制好的培养料装入塑料袋中的操作称为装袋或填料。装袋可采用手工作业，也可用装袋机（图5-10）装填，机装工效较高，且能保证松紧均匀，少伤或不伤塑料袋，2人配合，每小时可装袋250～300个，有利于提高料袋成品率。

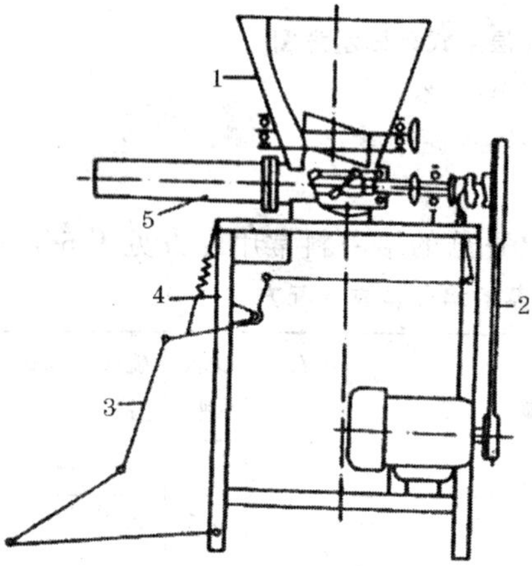

图5-10 装袋机结构

1. 料斗 2. 皮带 3. 离合开关连杆 4. 支架 5. 输送器（绞龙）

（5）灭菌 料袋制作要求流水作业，当天拌料、装袋，当天灭菌。料袋可用高压蒸汽灭菌或常压蒸汽灭菌。目前，代料栽培香菇多采用简易灭菌锅进行常压蒸汽灭菌。锅内料袋的摆放方式有2种：一种是在锅内的栅格上先铺一层麻袋，然后将料袋呈"井"字形堆叠在麻袋上，顶部堆间留5～10厘米空隙，千万不要塞得太满，以利于蒸汽流动。另一种是先用周转筐（70厘米×45厘米×45厘米）装袋，然后把周转筐堆码在锅内的栅格上。后一种方式进出袋方便，料袋搬动次数少，且蒸汽环流通畅，灭菌效果更好。

(6)冷却　灭菌结束后，暂缓出锅(可以提高灭菌效果)，待其冷却至60℃左右时即可出锅。出锅时工作人员戴手套，将装筐灭菌的整筐搬出，将散堆的逐袋取出，轻轻装入垫有衬布的筐内或平板车上，运到接种室或冷却室冷却。冷却期间，料袋呈“井”字形堆码，堆高6～8层，堆间预留通道，以利于散热。生产规模较大时，也可在工棚内冷却。冷却场地必须在使用前24小时进行清扫和消毒处理，以保持料袋的无菌状态。

(7)接种　当料袋温度降至30℃以下时即可接种，代料栽培香菇的接种工作应遵守无菌操作原则。为此，接种前必须进行接种室消毒、菌种预处理等项工作。

①接种室消毒：接种室在使用前应进行2次消毒，在料袋和接种工具搬进接种室前后各进行1次。生产中，常采用福尔马林、过氧乙酸或气雾消毒盒熏蒸消毒，且最好3种方法交叉使用。无论采用哪一种方法进行接种室消毒，都必须先进行认真的清扫、擦拭和喷雾降尘。

②菌种的预处理：菌种培养数十天，外面难保无尘无菌，移入接种室(由接种人员带入)前认真进行预处理是减少杂菌污染的重要措施之一。首先逐瓶(袋)挑选，剔除长势弱、有杂菌或有疑问的菌种，将选留的合格菌种进行药浴处理，清洗瓶(袋)外壁。然后在接种箱内按无菌操作要求，将棉塞换成无菌塑膜(事先用消毒药液浸泡5分钟以上)，密封后带入接种室备用。

③接种：接种必须遵守无菌操作原则，而清洁卫生是无菌的基础。因此，接种人员进入接种室前应沐浴更衣(工作服应经常洗晒熏蒸)，换专用拖鞋，戴帽、戴口罩。接种之前双手经酒精棉球擦拭，或用2%来苏儿、0.25%新洁尔灭溶液浸洗。接种工具先经火焰烧灼备用。接种操作一般2～3人一组。先打穴、贴胶布，然后灭菌；接种时传递料袋、预撕胶布、接种各1人；灭菌之前未打穴的，接种时增加1人打穴。接种后或贴胶布，或套袋密封均可。打

穴可用大头直径1.5厘米的锥形铁筒，或用T形木锥，穴深2～3厘米，每袋4～5穴，小袋宜单面接种，每袋4穴成直线等距离排列，大袋宜两面接种，上面3穴，下面2穴，两面的接种穴相互错开，呈“品”字形排列。

5. 菌袋(筒/棒)培养 接种后的料袋称为菌袋(筒/棒)。菌袋培养是指菌种定植至发菌成熟期间的管理。根据香菇的生物学特性，可知菌袋培养期间的管理要点是：避光，调温，通风，增氧，翻堆与去杂。

(1)菌袋培养室与菌袋堆叠 秋栽型菇场的菌袋培养室应具备阴凉、通风、无鼠洞、周边干净等条件。春栽型菇场的培养室则应背风向阳，以利于保温。培养室在使用前须认真清扫、消毒，然后通风备用。为了提高培养室利用率，室内应设置培养架。培养架可以是角铁结构或砖木结构。培养架长4～6米，宽0.5米，高2.5～3米，设4～5层，层距0.5～0.6米，每层床面摆3～4层菌袋，菌袋呈“井”字形排列，以利于散热。同时，将接种穴面向两侧，不要互相压盖，以免影响菌种定植生长。为了防止培养架倾倒，可用横杆将培养架上部连成一体，横杆高度应在2米以上，以利于通行作业。现在，许多菇农将接种室和培养室合二为一，就地接种就地培养，这样既可减少搬动用工，又可将菌袋呈“井”字形堆叠在地面，堆高5～7层，堆间预留通道以利于通风散热和行走作业，其他要求同上。

(2)发菌管理 接种定植至发菌成熟，需60～120天，早熟菌株60～80天，晚熟菌株90～120天。其中包括萌发定植期、菌丝生长(吃料)期、菌丝生长成熟期。

①秋栽模式：现将香菇代料栽培(秋栽模式)发菌管理工作日程整理见表5-2。

表 5-2 香菇代料栽培发菌管理工作日程

模式		培育天数	生长状况	操作要点	环境条件要求			注意事项
					温度（℃）	湿度（%）	每天通风	
萌发	定植期	1～4	菌种萌发定植吃料	28℃以下关门发菌	25～27	70	超过28℃立即通风	净化环境、注意干燥，“井”字形堆放5～7层
菌丝生长（吃料）期		5～15	呈绒毛状菌丝舒展3～6厘米	翻堆检查，结合通风，早、晚进行套袋松口	25	70	每日早、晚各1次，每次10分钟	避光遮荫、严防高温
		16～20	菌丝体向四周扩展8～10厘米	调整堆形，处理感染菌袋，感染袋搬出室外	23～25	70	每天2～3次，每次2～3小时	对症治杂
		21～25	穴间菌圈连接	拔去部分枝条	23～24	70	白天关门，早晚通风	翻袋散热，降低袋温
		25～35	菌丝满袋洁白粗壮	全部拔去枝条疏堆散热	24	70	加强通风	疏袋散热
菌丝生长成熟期		36～50	菌丝扭结瘤状突起	翻堆打孔增氧	22～23	70	加强通风	防止打孔增氧导致高温烧袋
		51～60	2/3菌袋出现瘤状突起	保湿，打孔（割膜）排黄水	20～22	70	加强通风	发现黄水及时打孔排出，防止“烂筒”
菌袋	转色期	60天以上	菌皮由白变黄褐色	适当透光，诱发菇蕾	20	70	加强通风	注意菇蕾

②春栽模式：采用春栽模式的菇场，菌袋发菌管理除上述工作外，还需搞好越夏管理。适时接种是菌袋安全越夏的前提。适时接种的目的是争取菌袋在梅雨和（或）高温到来之前，菌袋发菌成熟并顺利转色，为安全越夏打基础。打孔增氧，排除黄水，在此基础上，再进行避光隔热、疏堆散热等项操作，将气温和袋温控制在34℃以下，即可保证菌丝正常生长，安全越夏。

6. 转色管理

（1）转色的过程　菌筒在畦面薄膜罩2～4天内（视脱筒时气温而定），尽量不要去翻动膜罩，保持罩内相对恒温、恒湿，使脱筒后菌筒有个适应过程，同时促使筒表层菌丝恢复。罩内温度超过25℃，要短时间掀膜降温。由于薄膜内外的温差大，在膜内壁上出现水珠属正常现象。经过2～4天，菌筒表面将出现短绒毛状菌丝，一旦绒毛菌丝长接近2毫米，就要增加掀膜次数，降温、降湿，促使绒毛菌丝倒伏，这样就在菌筒表面形成一层薄的菌膜。若绒毛层菌丝过长，将使转色后的菌膜过厚，推迟出菇，并影响产量。如绒毛层不易倒伏或倒伏后又重新形成绒毛层，这是由于菇场湿度偏大，或培养基配料时氮源过于丰富所致，此时加大通风或喷2%石灰水强迫其倒伏。倒伏后每天掀膜2～3次，每次20～30分钟，以增加氧的供给和光照，造成菌筒表面干湿差。在这一转色过程中，菌筒外表分泌出黄水珠，这是出菇先兆。因而黄水珠形成初期，加厚顶棚厚度，拆稀东南向围帘，稍延长掀膜时间。也可以轻度喷雾1次，让菌筒吸收水分，待黄水珠大量吐出时，用喷枪将黄水珠冲洗掉，通风1～2小时至菌筒稍干。通过掀、盖薄膜次数，调节罩内菌筒温度、湿度，通风及光照状况，便可使菌筒外表颜色逐渐从白色转成粉红色，乃至出现一层红褐色、有韧性的菌膜，它对菌筒起着保湿和防污染的作用。

（2）影响转色的因素

①温度是影响转色快慢的决定因素：最佳转色温度为19℃～

23℃。温度偏高(超过26℃)或偏低(低于15℃),均不易转色。因而生产中发生转色淡或不易转色现象,多为制料筒过迟,导致脱筒进入转色期时气温偏低所造成的。如出现上述问题,可通过罩密薄膜,提高床温,拉稀棚顶覆盖物,增加光照来解决。

②空气相对湿度是否适宜,影响到菌筒转色的质量:菇场畦内空气越流通,越易转色。但要注意防止菌筒失水,尤其是含水量偏低的菌筒或不贴胶布工艺的菌筒,常受秋旱干热风袭击,使菌筒重量比原重明显减轻,用手触菌筒有明显的粗糙感,筒面不留有指纹印,即使会转色,但色淡显灰黄色。菌筒偏干时可罩紧薄膜,结合短时间(20分钟)通风换气、适量喷水、喷后紧盖薄膜,连续数天后,手触菌筒面有柔软感,以不刺手、手指触之有指纹印为宜,再按前述方法使之正常转色。若手指触之,有菌丝沾黏,即表示菇场湿度偏高,要通风。

③相同条件下:光线充足转色快而且深;反之,转色则慢。

④正常情况下:一般生理成熟脱筒后至转色结束为15天左右。

总之,菌筒转色的好坏,是筒栽的关键一环。转色后菌膜具有一定的韧性,相当于段木栽培中树皮的作用,能防止菌筒内水分蒸发和杂菌的侵入。菌筒是否顺利地转色,转色后菌膜的厚薄均影响到菌筒出菇的快慢和产量的高低。

7. 出菇管理　近年来,我国的代料香菇实现了由普通香菇(板菇)到花菇的飞跃,为进一步拓展香菇市场打下了基础。现将花菇培育技术介绍如下。

(1)补水催蕾　在气温7℃～21℃的季节,将发菌成熟并已转色的菌袋,采用刺洞注(浸)水的办法,将培养料含水量补至55%±5%,然后排场催菇。催菇可在上述畦式菇场(图5-8)或层架式菇棚(图5-9)中进行,但畦式菇场催菇效果好。气温日较差(昼夜温差)10℃左右,是催蕾的必备条件。补水排场后,若菇场白天气温15℃～20℃,晚上8℃～12℃,空气相对湿度为80%～95%,适当通风(风速1～1.3米/秒),见光(50～100勒),经4～7天温差刺激,即可诱导原基分化成菇蕾。

(2)开穴现蕾　当菇蕾长至1～1.5厘米时,应及时在菇蕾周边割膜开穴。开穴动作要轻,不要刺伤菌皮或菇蕾。用单面刀片沿菇蕾周边3～5毫米处切割,只切开3/4,上面仍然相连。这样既能顺利出菇,又能让初露菇蕾有一个较好的缓冲环境。菇蕾过密、过多的菌袋,每袋均匀保留10朵左右粗壮圆整的幼蕾,其余的用手指剔除。

(3)蹲蕾　开穴现蕾后的幼蕾先在催蕾棚内培养5～7天,棚内温度调控在8℃～12℃,空气相对湿度为80%～90%,适当通风供氧。在8℃～12℃的低温条件下,使幼蕾缓慢生长的操作叫做蹲蕾。气温高于12℃时,幼蕾生长较快,但菇质疏松,口感欠佳。遇此情况可采用遮荫、少通风等方法降温;当气温低于8℃时,可用蒸汽(锅炉供汽或在煤炉上烧水产汽)增温补湿,为幼蕾(缓慢)正常生长创造条件。采用两场制培育花菇者,当幼蕾长至2厘米时,则应将菌袋从催蕾菇棚转移到层架菇棚培育花菇。

(4)催　花

①初裂期管理:幼蕾生长后期(盖径2～3厘米)是催花的第一阶段,通常称为初裂期。在此期间,应使棚内保持偏干状态,将空气相对湿度控制在65%～75%,温度控制在10℃～20℃,同时增加光照,加强通风。为防止夜间棚内地面回潮,应铺塑料薄膜隔潮或撒石灰、炉渣吸潮,晴天揭膜1/2。若外界空气相对湿度大于70%,应严密盖膜、排湿,使菇盖表面始终呈干爽状态。约经7天时间,菇盖表面即会产生裂纹。

②催花期管理:经过上述偏干管理,菇盖已经产生裂纹。当菇蕾长至3～3.5厘米时,可给予更大的湿差(15%以上)刺激,同时辅以温差(10℃以上)、强光或大通风管理,促使裂纹变宽变深,保持3～4天,可培育天白花菇(亮花菇)。

③保花期：当菇盖长至3.5厘米以上时，可将棚内空气相对湿度调至55%～65%，调温8℃～20℃。晴天干燥时，白天揭膜通风，全光照射。如遇阴雨天或大雾天气，应严格密封、降湿，以免花菇吸湿褐变，由亮花菇变成茶花菇，影响栽培效益。上述小棚大袋层架式培育花菇技术可以作为袋栽花菇模式。为了便于操作，现将花菇培育的气象条件整理如下(表5-3)，供各地参考。

表5-3　花菇培育的气象条件　(王学良等，1996)

花菇级别	气温(℃)				空气相对湿度(%)		风速(米/秒)	日照(小时)	日蒸发量(毫米)
	平均	最高	最低	日较差	最高	最低			
一级	13.4	20.2	7.3	12.9	61	31	1.3	5.2	5.9
二级	8.3	15.7	3.4	12.2	68	35	1.3	5.4	4.2
三级	8.8	15.8	4.2	11.6	78	44	1.0	4.3	2.9

8. 采收及间歇养菌

(1)采收　当菌盖下的内菌膜开始破裂(部分破裂)时，即可开始采收。当内菌膜完全破裂、菌盖边缘仍明显内卷时，则应及时采收。过早、过晚采收，将影响产量和质量。

(2)间歇养菌　每采完1潮香菇后，保持22℃～25℃ 5～7天，让菌丝恢复生长，进一步降解培养料，称之为间歇养菌。间歇养菌之后，酌情补水，至菌袋含水量达55%左右为宜。养菌和补水结束时，可进行下一轮催菇、催花等项管理工作，基本上重复上述管理过程。袋栽香菇一般可收5潮香菇。以每袋平均装干料2千克计，平均每袋可收鲜菇(花菇、厚菇)1千克左右，或脱水(干)菇300克左右。

(三)畦式栽培的技术要点

1. 准备菌种

(1)菌种的选择　如上所述，进行香菇畦式栽培的目的实质上是实现夏、秋出菇。因此，在选择菌种时应因地制宜，选择2个以上的品种(菌株，下同)合理搭配，避免单一品种因年度气候差异而造成失误。同时，选择2个以上的品种合理搭配，也有利于错开出菇时间，减轻采收与上市过于集中的压力。栽培面积较大时，可选用2～3个品种，中高温型(9℃～23℃出菇)菌种、中低温型(7℃～20℃出菇)菌种各1～2个。近年来，在辽宁省新宾满族自治县广泛推广的香菇菌种前者为辽大04、L26，后者为林土04、9603、937、867、303等。

(2)菌种生产　香菇畦式栽培的菌种用量较大，用种时间比较集中，菌种生产应早做准备。一般在11月份准备一级种，在12月份制备二级种，在翌年1月份完成三级种的接种任务，经22℃～24℃培养60天左右即可完全吃料(长满菌袋)，然后经7℃～12℃低温培养10天左右，以增加菌种由室内移植到室外的适应性。总之，必须在3月10日前培养好三级种，每667平方米农田需三级种1 800～2 000袋(17厘米×33厘米菌种袋，木屑菌种)。

2. 准备菇场　香菇畦式栽培多在背风向阳、地势平坦、能排能灌、交通便利的农田或空闲地上进行。为了保障春播早种，最好在秋收后上冻前做好畦床。农田(如玉米地)做畦床要顺垄挖沟，一个垄沟作为畦床，一个垄沟作为步道，畦床与步道各宽60厘米，畦床深10～15厘米。畦床里的土铲到步道上，留作压膜的覆土。头年秋收后挖好的畦床，翌年早春稍加整理即可铺料播种。

3. 准备原料　以东北长白山地区菇粮间作的实际情况概算，667平方米农田的菇床面积为300～320平方米，挖60厘米宽的畦床，总长可达500～530米。按每平方米20～25千克干料用量计算，每667平方米用料量6～8吨。其中木屑80%，麦麸或米糠14%，玉米粉3%，豆饼粉1%，石膏1.7%，尿素0.3%。对原辅材料的质量要求同香菇的袋式栽培。

4. 铺料播种

(1)原料预处理　按配方称料，将干料(尿素除外)拌匀，并按常规要求将培养料加水(尿素溶于水中)，充分搅拌均匀至培养料含水量达55%～60%。然后进行“蒸米饭式灭菌”(不装袋)，至料温达98℃以上，1.5～2小时后趁热出锅，装入干净的编织袋中冷却备用。

(2)铺料播种　香菇畦式栽培提倡一个“早”字，以长白山地区一般在3月15日至4月15日铺料接种，最好在清明前完成播种任务。一般每10米长畦床用培养料200～250千克(干重计)，用种36～40袋。先将2/3的菌种与培养料搅匀后铺平，并使床面呈龟背状(中间比床边高出1厘米即可)，然后将余下的菌种撒在料面，再将床面稍稍拍平压实，此时培养料厚6～7厘米。播种后，及时在料面薄薄摆放一层稻草，以利于透气。选用新鲜稻草，先在3%～5%的石灰水中浸泡3～4小时，捞出沥干表水备用。播种后的料面经拍平压实后，将处理后的稻草分成每10根左右1小把，每隔10～15厘米斜放1小把，再在畦床的中间放1把龙骨草，龙骨草首尾交接。折回地膜时，每50厘米将上述小草把从中间折回，床边的梢端压在地膜里，床中间的折端露出膜外。最后覆土4～5厘米，并将上述露在膜外的稻草折端移到覆土外，以利于避光、保温与透气。

5. 发菌管理

(1)撤土揭膜　播种后一般经过40天左右发菌培养，香菇菌丝体可完全吃料，外观可见气生菌丝浓密，料面稻草中也布满白色菌丝，切开料层可见培养料由棕褐色变为棕黄色，松散的木屑已变为海绵状。上述特征表明香菇的营养生长阶段已基本完成，应及时撤土揭膜，促进床面转色，为出菇做准备。撤土揭膜多在5月上中旬进行，具体时间依发菌情况而定。先用木耙搂去地膜上的覆土，再用小板刮净余土(不要碰破地膜)，揭开地膜，轻轻拣出稻草，尽量不要带出菌料，然后将地膜重新盖在料面上（俗称“打包”），创造保温、保湿的小气候，促进菌丝恢复生长。同时在床面支拱棚遮荫。打包后，畦床上每米支3根拱条（拱高35厘米），上盖草帘，创造七分荫蔽的小气候。撤土、打包应避开风雨天气，而且必须边撤土，边打包，边支拱，边上帘，以免菌料失水或感染杂菌。

（2）套种遮荫作物　进行香菇畦式栽培的特点之一就是菇粮套种，遮荫作物以玉米、向日葵为最好，也有套种矮化高粱、架芸豆、大豆的。套种作物可在打包盖帘后播种，每个步道种1行，株距20厘米，或者隔一个步道种2行，套种的作物离畦床边10厘米，每667平方米套种玉米2 300株，或向日葵1 200株。

6. 通风转色　打包上帘后7天内不必通风，让撤土拣草后的料面菌丝恢复生长。当畦床料面气生菌丝连成一片时，即可掀膜通风，迫使气生菌丝倒伏（停止生长），形成白色菌膜（菌皮），继而转色，变成带有光泽的栗壳色菌膜。通风管理需20～30天。在辽宁省新宾满族自治县，一般5月中旬撤土打包，6月上中旬完成转色，6月中下旬可望出菇。

7. 出菇管理

（1）变温催菇　在高纬度、高海拔地区进行香菇畦式栽培的气候优势明显，夏、秋季节这里的昼夜温差多在10℃以上，十分有利于变温结实型菇类（香菇、平菇等）由营养生长顺利转为生殖生长（出菇）。转色后10天左右，在昼夜温差的刺激下，床面“玉米花”样白色突起（香菇原基）可逐渐变成菇蕾，继而长成香菇。

（2）惊蕈　如果转色后长时间不出菇，可以打开塑料薄膜，用木块拍打料面，给予机械刺激（惊蕈），促进菇蕾形成。

（3）注意事项　①菌块内的菌丝体的菌龄太短，未达到生理成熟，很难转色，或转色不均，易使菌块失水造成表面干燥，严重影响出菇，且易发生污染。②培养料含氮量过高，易造成菌丝徒长，影响转色。③盖膜太久，通风换气不足，也易引起菌丝徒长，推迟转色或使菌皮(转色层)增厚。④遇到气温回升在28℃以上，要加强遮荫，降低温度，增加掀膜次数和时间。早晚喷水并通风，严格检查菌块，若有污染，应及时处理，严防扩散。⑤当气温突然下降到5℃以下时，应喷水增湿，采取有效措施保温、增温。⑥在菌块吐“黄水”期间，若遇上闷热天气，四周又围得很密，通风条件差的菇畦，极易造成绿色木霉或红色链孢霉污染。因此，在此期间一定要加强通风，降低菇畦内的温度和空气湿度，抑制真菌污染。

(4)出菇管理　地栽香菇出菇的早晚与品种有关、与早春气温有关、与转色管理的好坏有关、与播种时间有关。4月初春播种，5月末、6月上旬可见“报信菇”，正常情况下菌丝生长40天，床内发育40天，转色20天，有效积温达到820℃以上即出菇。打包后栽培者要加强转色，促进早出菇，争取在伏前采收2潮菇。“报信菇”多出在畦床两侧，大量出菇是6月中下旬，7月上旬出的菇较少，而且菇较薄，柄细色淡，商品价值不高，只能盐渍和鲜销，7月中下旬、气温太高，很少出菇或不出菇，8月中旬秋季出菇又开始，一直到9月末、10月上旬初上冻时结束，翌年五一左右还可出部分春菇，好的地块，每667平方米还可产15～35千克干香菇。虽然地栽香菇的菇潮不明显，但整个周期可出4～5潮菇。

8. 采收　当子实体长到七八成熟、菌盖边缘仍内卷呈铜锣边状、菌膜刚破裂时采摘较为适宜。采摘香菇最好在晴天进行。因为晴天采摘的香菇可以先摊晒再烘烤，有利于提高商品外观质量。因此，当香菇接近采收标准却遇到天气变阴、气温迅速升高将要下雨时，则应提前采收，以免高温阴雨导致菇体迅速膨大，菌盖反卷而影响香菇的经济价值。

思考题

1. 如何从外观上鉴别香菇菌种的优劣？
2. 如何鉴定香菇纯菌丝种的活力？

3. 简述香菇段木栽培中人工接种的技术要点。
4. 简述香菇代料栽培转色管理的技术要点。
5. 出菇期间,如何进行香菇的水分管理?

第六章　黑木耳园艺工基本技能

一、概　述

黑木耳是木耳[*Auricularia auricula*（Lex Hook.）Undeiw.]的俗称，又称光木耳、细木耳、黑耳子、云耳。黑木耳在分类上隶属于担子菌门，层菌纲，木耳目，木耳科，木耳属。

木耳属有15～20种。广泛分布于温带和亚热带，已报道的种有黑木耳、毛木耳、皱木耳、角质木耳、盾形木耳、琥珀木耳、毡盖木耳、肠膜状木耳和大毛木耳。

我国是黑木耳主产国，2005年我国的木耳产量约209万吨（其中毛木耳112万吨，黑木耳97万吨）。黑木耳在我国的自然分布很广，北起黑龙江、吉林，南到海南岛，西自陕西、甘肃，东至福建、台湾，遍及20多个省、自治区、直辖市的广大区域。但主要产区是湖北、黑龙江、四川、贵州、河南、陕西、吉林、广西、云南等省（自治区）。

（一）形态特征

1. 菌丝体　黑木耳营养体为有隔菌丝，纤细，有分枝，粗细不匀，常出现根状分枝，担孢子萌发为单核菌丝，有的单核菌丝上能产生钩状分生孢子。双核菌丝有锁状联合，但其锁状联合不如香菇那样多而明显。菌丝生长速度较慢，在培养基上生长均匀密集，齐头并进，故前缘整齐，老熟后常分泌褐色的色素。

2. 子实体　黑木耳子实体单生为耳状，群生为花瓣状，鲜耳胶质，半透明，中凹，背面常呈青褐色，有绒状短毛，腹面平滑，有脉状皱纹，红褐色。子实体直径 6～12 厘米，厚 0.8～1.2 毫米，干后强烈收缩为角质状，泡松率（干耳∶湿耳，w/w，亦称干湿比）8～22 倍。其内部结构属于无髓层而具有中间层的类型。

（二）生 活 史

黑木耳子实体成熟时，在其腹面的子实层上长出成千上万的担孢子。担孢子萌发长出芽管，芽管伸长为单核菌丝，经过不同性的有亲和力的单核菌丝结合，形成双核菌丝。双核菌丝不断生长，分化发育成子实体。子实体成熟后，又产生大量的担孢子，这样一个生长发育过程就是黑木耳的主要生活史。有的黑木耳单个担孢子萌发的菌丝，也能形成子实体，产生担孢子，完成单孢结实。这是黑木耳生活史中的一个小循环，也是对黑木耳生活史的一个补充（图 6-1）。

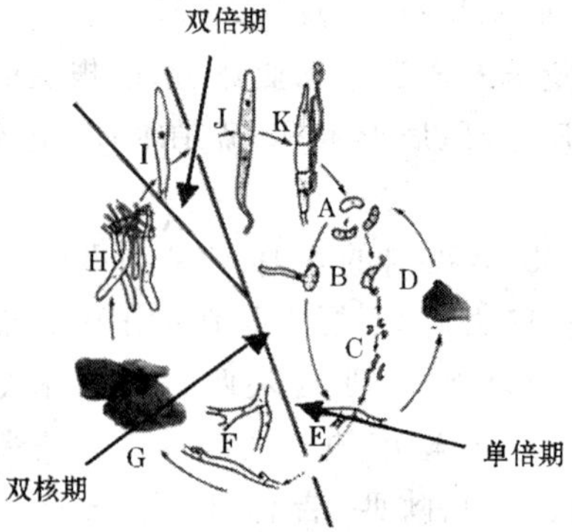

图 6-1　黑木耳的生活史

A. 担孢子　B. 担孢子（直接萌发）
C. 担孢子间接萌发产生分生孢子
D. 单孢子结实的子实体
E. 单核菌丝　F. 双核菌丝　G. 子实林
H. 幼小双核担子　I. 核配后担子
J. 减数分裂担子　K. 着生在小梗上的担孢子

黑木耳属异宗结合的菌类，但它的极性是二极性、还是四极性，自 20 世纪早期以来，国内外一直存在争议，迄今尚无定论。华中农业大学应用真菌研究所研究人员通过对黑木耳的极性测定，证实黑木耳属二极性，即它们都是由一对不同的交配型等位基因所控制。

(三)生长发育条件

1. 营养　营养是一切生物生命活动的物质基础。黑木耳赖以生存的营养,完全依靠其菌丝体从基质中吸取。

2. 温度　温度是左右黑木耳生长发育速度和生命活动强度的重要因素。黑木耳属中温型菌类,它的孢子萌发温度为22℃～32℃,以30℃最适宜。菌丝在6℃～36℃均能生长,但以22℃～32℃为适宜,在5℃以下,38℃以上受到抑制。

3. 水分和湿度　黑木耳生长发育所需水分绝大部分都来自培养料,而培养料含水量又是出耳的重要因素。黑木耳在菌丝体的定植、蔓延生长时期,段木的适宜含水量在35%～40%,木屑培养料的含水量应为60%～65%,配制时加水量要考虑木屑的种类和颗粒粗细。子实体形成时期对水分需求更高。除耳木中要求有较高的含水量之外,还要求空气相对湿度保持在90%～95%。这样可以促进子实体生长迅速,耳丛大,耳肉厚。低于80%,子实体形成迟缓,甚至不易形成子实体。

4. 光照　黑木耳各个发育阶段对光照的要求不同。在黑暗或有散射光的环境中,菌丝都能正常生长。光对木耳从营养生长转向生殖生长有促进作用,如果在黑木耳菌丝生长过程中给予光照,培养基表面便会出现菌丝聚集而成褐色的胶状物,并分泌色素,导致整个培养基呈褐色。

5. 空气　黑木耳是好气性真菌。当空气中二氧化碳超过1%时,就会阻碍菌丝体生长,子实体成畸形,变成珊瑚状,往往不开片;超过5%,就会导致子实体中毒死亡。因此,在黑木耳整个生长发育过程中,栽培场地应保持空气新鲜流通。在制作菌种时,培养料的水分不可太多,装瓶不能太满,以供给菌丝体必要的氧气。另外,空气流通清新还可避免烂耳,减少病虫的孳生。

6. 酸碱度　黑木耳适宜在微酸性的环境中生活。菌丝体在

pH 值 4～7.5 范围内都能正常生长，以 pH 值 5～6.5 为最适宜。

二、工艺流程

（一）段木栽培工艺流程

人工栽培黑木耳，根据培养基质的不同，有段木栽培和代料栽培 2 种方式。黑木耳段木栽培生产程序见图 6-2。

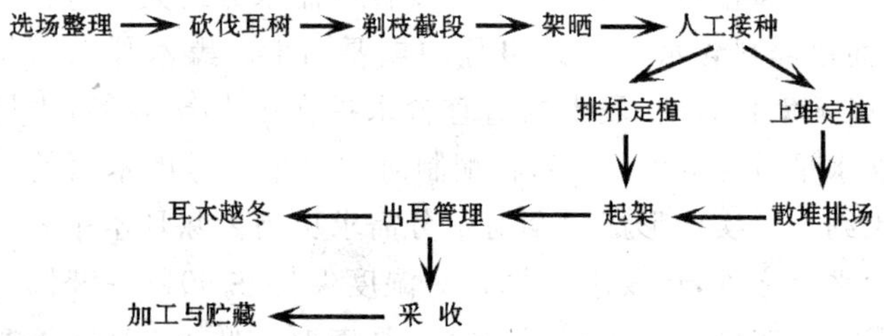

图 6-2 黑木耳段木栽培工艺流程

（二）代料栽培工艺流程

黑木耳代料栽培的工艺流程见图 6-3。

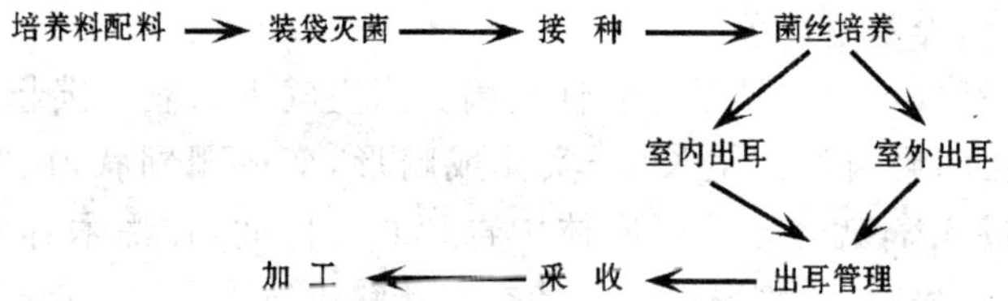

图 6-3 黑木耳代料栽培

三、技术要点

（一）段木栽培的技术要点

1. 准备耳场

（1）耳场的选择　黑木耳的栽培场是排、架耳木并使黑木耳发生的场所，又称“耳场”、“耳堂”或“排场”。

选择耳场的标准应以黑木耳的生长发育所需要的条件为依据。在有条件的地方，可采用两场制，即养菌场和出耳场。实践证明，两场制的管理方法成本低，黑木耳的产量高。

（2）耳场的建设　对于尚有不足之处的耳场应进行必要的修整和建设。对于场地凸凹不平的加以修整；水源较远的修渠引水，以便于喷水抗旱；日照时间很长的地方，按照黑木耳生长的需要和排架的距离栽植树木遮荫。

2. 准备段木

（1）耳树的选择　生长黑木耳的树木通常称为“耳树”。耳树的选择与香菇栽培中菇树的选择相同。老产区大多数是采用栓皮栎和麻栎栽培黑木耳。因为这类树种资源多，易造林，萌蘖更新能力强。同时，它的栓皮层厚，具有抗晒、保温、保湿的性能，边材发达，营养比较丰富，木质硬，组织紧密、耐腐，耳木不易分解，接种当年虽然产量低，但是结耳时间长，总产量高。

（2）备料　备料包括砍树、剃枝、截杆和架晒4个部分。

①砍树：砍树必须考虑砍树季节和树龄。我国老产耳区习惯“进九”砍树，“三九”大砍，“六九”前砍完。春暖后，树木进入萌发时期，树干内养分已经流动，部分养料被枝叶消耗，树皮容易翘起，此时不宜砍树。砍树应在晴天或雨后能继续天晴进行，不宜雨天砍树。

砍伐的树龄，栓皮栎以生长8～9年的中龄树，胸径(胸高处的直径)8～10厘米较为适宜。按照行业标准的规定，对材质的要求：一是树皮与木质部结合紧密，树皮完好率在99%以上；二是边材厚度0.8厘米以上；三是枯立木、腐朽木、幼嫩的木材不得做耳木。

②剃枝(剔枝)：原木砍伐后，要进行剃枝。南方一些地区多在耳木砍倒后10～15天进行整枝，留住枝叶可以加速树干内水分蒸发，促使树材迅速枯死。北方地区气候寒冷干燥，树木内含水量较少，多在砍伐后立即进行整枝。

③截干：未截断的树干称为原木。截干后的原木称为段木。截干就是将树干截断成长1米左右的段木。段木要求长短一致，便于排放管理，排场时又便于贴地吸潮。截干后，两头的截面和伤口用新鲜石灰水涂刷，预防杂菌污染。

④架晒：架晒的目的是为了加速木材组织死亡，使段木干燥到适合接种的程度。架晒场所应选在地势高燥、向阳、通风的地方。架晒的方法，应当根据不同的树种以及直径大小分开堆放。粗大的段木架成三角形；直径10厘米左右的段木架成"井"字形，堆高1米左右。在架晒的过程中，每隔10～15天进行翻堆，将上下内外的段木调换位置，以利于段木干燥均匀。

3. 人工接种　接种是黑木耳人工栽培中的关键环节。适时砍杆，合理密植，保证接种质量是夺取黑木耳高产的基础。

(1)接种季节　各地根据气温情况，因地制宜，灵活掌握。但是由于砍树的时间多在冬季，因此黑木耳接种时间多在春季进行。在枯叶期砍伐的耳树，可在12月份接种。接种后气温逐渐下降，应采取保温和增温的措施(如在塑料薄膜房或室内上堆)。

(2)接种密度　接种的密度大小与出耳的早迟和产量的高低有密切的关系。也就是说，合理密植，加大用种量，是提高单产，增加总产的重要因素。具体地说，长1米，末端直径为6厘米的段木，应接种 3 行，每行 12～13 穴，总穴数不少于 35 个；末端直径 10 厘米的段木，应接种 5 行，总穴数达到 60～65 个。湖北省房县耳农将接种要求概括为“1 米长，50 根，3 000 眼，10 瓶种”。近年来，湖北省随州耳农习惯于加大接种密度。

(3)接种方法　由于所用菌种的种型不同，接种方法也有所区别。黑木耳菌种的种型有锯木屑菌种、楔形种木(三角木)菌种、矩木菌种、斜面枝条菌种、木签菌种和棒形种木菌种等。最常用的是锯木屑菌种和枝条菌种。黑木耳段木栽培的接种工具、接种方法及其注意事项与香菇的有关内容相同。

4. 定植与发菌期的管理　接种后的段木称为耳木。耳木定植与发菌期的管理，包括上堆发菌、散堆排场 2 个步骤。

(1)上堆定植(堆码发菌)

①上堆场所：由于接种的时间不同，上堆场所的要求也不一样。在冬季和早春接种的，因气温低，应特别注意保温，上堆的地方以选择地势干燥、背风向阳和没有荫蔽的地方为宜。这样的场所温度稳定，有利于黑木耳菌丝体定植生长。上堆前，先将地面打扫干净，用横木或石块作垫脚，在垫脚上摆放接种后的耳木。

②上堆的方法：上堆的方法通常采用“井”字形或“山”字形两种形式。其中“井”字形堆垛法更为普遍。将已经接种的耳木，按树种、粗细、长短，分别排列在横木上，第一层横放，第二层与横木垂直交叉，即上下两层耳木呈“井”字形堆叠。以此类推，堆成 1 米高的小堆。排放时，耳木与耳木之间应有 2 厘米的间隙。如果接种时气温低，耳木可以排放紧密一些，以利于保温。随着气温的增高，耳木间的间隔可适当放宽，以利于通风。这种方法适用于场地较湿、耳木湿度较大，或者是温度较高的时候。“山”字形堆垛法，就是把耳木一律顺放堆叠，中间高两面低呈“山”字形。这种方法保温、保湿条件比较好，在温度较低，耳木湿度不大的情况下最为适宜。

③盖堆：上堆后，堆的上下四周用覆盖物覆盖，以利于保温、保湿。覆盖物的种类因气温高低有所不同。冬季和早春，用塑料薄膜盖堆，能提高和保持堆内较稳定的温度。同时，它还具有保湿和防雨的作用。3月份以后接种的耳木，气温已上升到20℃左右，这时可改用树枝叶或干草等物覆盖，通气性较好。若使用塑料薄膜盖堆，则必须加强管理。气温低时，通风换气应在中午进行。当菌丝生长旺盛时，揭膜通气的次数应逐渐增多，每次通气的时间也要逐渐加长，20天以后，每天揭膜通气1次。

④堆内温度与上堆时间：堆内的温度以20℃～28℃为适宜，温度过高，容易发生“烧堆”。

上堆的时间应随气温的高低而定。气温在20℃以下时，上堆的时间需要1个月或稍长；当气温达到20℃以上时，上堆的时间只需15～20天。黑木耳菌丝体在接种穴内定植，并开始蔓延，即达到了上堆的目的。

⑤翻堆：上堆1周后进行翻堆，即将每堆耳木上下左右内外调换位置，促使菌丝发育均匀。以后每隔1周翻堆1次。在第一次翻堆时不需要补充水分，随着气温的升高，耳木内水分蒸发较多，同时，第一次翻堆后，菌丝愈长愈旺盛，呼吸作用增强，必须增加揭膜通气的次数，在通气的同时，根据耳木的干湿程度，喷细水调节耳木的湿度。第二、第三次翻堆时，要注意检查菌丝定植以及杂菌污染情况。检查的方法：用锯木屑菌种接种的耳木，挑去树皮盖或蜡盖进行观察，接种穴内的菌种表面生有白色菌膜，接种穴周围的木质上有白色菌丝；用枝条菌种接种的耳木，挑出枝条菌种观察，穴壁和穴底木质上有白色菌丝的，表明黑木耳菌丝已经定植。如果穴内菌种变化不大，菌丝向耳木上延伸缓慢，说明温度和湿度不适宜，应采取增温和喷水保湿措施。

(2)散堆排场

①排场的方法：排场常用的方法为平铺式，即用枕木将耳木的

一端或两端架起，整齐地排列在栽培场地上。根据耳场干湿条件和坡度大小，采用不同的排杆方法。如果耳场是平地，以东西方向排成行；耳场是斜坡，耳木的小头向上呈横行排列。枕木可用松树或其他杂木，直径为7～10厘米。耳木与耳木之间相隔5厘米，排行之间相距50厘米，以留作作业道。这种排场方法，将耳木排在枕木上，既离地面，又接近地面，既能接受地潮，又可避免吸水过多，能均匀地得到阳光的照射，有利于黑木耳菌丝体的生长发育，也有利于耳芽生长。

②排场期间的管理：排场期间管理的目的是使黑木耳菌丝体在耳木中迅速蔓延，健壮生长，从而早现耳芽，力争当年获得50%的产量，这样就可以取得战胜杂菌的危害，夺得高产的主动权。

耳木在排场期间，应具有适宜的温度，良好的通气，和“干湿交替”的环境条件，而以加强水分管理为首要问题。水分管理，应根据耳木干湿程度，适当喷水。在此期间，温度日益增高，光照增强，春风较大，水分蒸发愈来愈快，耳木容易失水。同时，菌丝生活力旺盛，也会消耗大量水分。因此，必须适当喷水，耳场内的空气相对湿度要求为75%左右。排场初期，每5～7天喷1次，以后改为每2～3天喷1次，阴天或雨天，少喷或不喷。随着气温的升高，菌丝生长越来越旺盛，从6月份开始到7月中旬，每天傍晚喷1次，到7月下旬，为了促使黑木耳菌丝体向木杆中部蔓延生长，并提高耳木的成熟度，喷水的次数可适当减少，改为5天左右喷1次。如果遇到伏旱，应适当增加浇水次数。总之，要使耳木表面保持干燥。经过精心管理，到了8月中旬即可长出大量的耳芽。这时可连续浇水，直至大部分耳芽长大时为止。

③翻杆：排场阶段每10天左右翻杆1次，将贴地的一面翻到上面，使耳木上下左右吸潮均匀，达到根根出耳，周身结耳。避免出现“下面烂、上面干，木耳只有两边出，通杆长满牛皮箍（杂菌）”的现象。在此期间，也应加强耳场的除草和对杂菌及害虫的防治

工作。

5. 出耳期的管理 此阶段里黑木耳的生长发育需要“三晴两雨”和“干干湿湿”、“干湿交替”的外界条件。

(1)起棚上架的标准 一般情况下，接种后，材质坚实的要3～4个月，材质疏松的只需2～3个月就基本上完成了菌丝体生长而进入“结实”阶段，耳木上即可长满耳芽。只要加强管理，4个月以后就能收到第一潮木耳。因此，在点种穴的耳芽出至80%，部分耳片直径已长至1～1.5厘米，取1根耳杆截断观察，如果黑木耳菌丝长入木质部的2/3，符合上述3项条件，表示可起架进行出耳管理。在科学管理条件下，当年可采收3潮木耳。

(2)起架的栽培场 起架的栽培场要选择地势平坦、向阳背风、雨后不积水、水源方便的地方。最好选择稀疏的幼栎树林或竹林，创造一个“七分阳，三分阴，花花太阳照得进”的散射光条件，也可以采用搭简易荫棚的办法，即用竹竿搭成高1.7～2米的棚架，上面搭放枝叶或黑色遮阳膜。在海拔800～1 000米的山坡上，由于雾气较大，则可将耳木架放在山旁的林地外侧。在海拔300～600米的地方，可将耳木排在小溪沟的岸旁。

(3)起架的形式 耳木起架的形式有多种。常见的有覆瓦式、“人”字形以及“一”字形。耳木起架的形式与香菇架木出菇的形式相同。

(4)起架阶段的管理 在一般情况下，温度和光照是紧密相关的。夏季阳光强烈，气温很高，晚秋和春季阳光较弱，气温较低，为了提供黑木耳菌丝生长和子实体形成与生长发育的适宜温度，必须调节温度和光照的关系。有些地方在阳光强烈的夏季，在耳场上搭盖简易凉棚遮荫。同时，适当增加喷水次数和水量，实行综合管理，使耳场的小气候适应黑木耳生长的需要。在春、秋季阳光较弱，温度较低时，可将耳木排放在阳光充足的地方，增加光照的时间，以提高耳木的温度，促进黑木耳正常生长发育。有些地方采取喷水后，待耳木表面水分晾干，在耳架上搭盖塑料薄膜，或者利用塑料薄膜棚进行栽培，也能起到增温的作用。

6. 病虫害及其防治　在黑木耳生长发育过程中，如果管理粗放，杂菌和害虫大量发生。因此，在栽培管理过程中，必须加强对杂菌和害虫的防治。

(1)危害黑木耳的杂菌　段木栽培过程中，主要杂菌有炭团菌、朱红栓菌、褐轮韧革菌、绒毛栓菌、黄褐耙菌、野生革耳、裂褶菌、杂色云芝等。

(2)为害黑木耳的害虫　主要有光伪步甲、食丝谷蛾、四斑丽甲、蓟马、蛞蝓和螨等。

(3)病虫害防治措施　病虫害的防治必须贯彻“预防为主，综合防治”的方针。

①栽培场地：应选择向阳、通风良好、排水方便的地方。场地周围的一切枯枝、落叶及腐木是为害菌孢子与虫卵越冬和传播的来源，应清除烧毁，并喷洒石灰粉、石硫合剂以及敌敌畏溶液等药剂进行消毒和消灭害虫。

②段木：木耳是木材腐朽菌，只能在枯死的段木上更快地定植、生长。因此，耳树砍伐应在深秋进行。砍倒后，保留枝叶，以便耳树迅速干燥。段木在接种前最好在火上燎烧，以杀死杂菌孢子和虫卵。也可在接种前 1 周使用甲醛(1∶100)、敌敌畏等溶液喷洒。

③菌种：选用优良菌种，接种尽量提前在低温时进行。段木的断口和死节周围增加接种穴数。段木上钻孔后应立即接种，不能放置时间过长，更不应隔天接种。接种后，接种穴要用树皮盖封好。接种人员应在接种前用肥皂洗手，再用 70%酒精消毒。盛菌种的器具也需用乙醇消毒。

④加强管理：首先应抓好定植期间的管理，提高接种的成活率。在管理过程中，根据各阶段对温度、湿度、光照的要求，创造适

合黑木耳菌丝生长发育而不利于害菌和害虫的环境条件。

⑤药剂防治：杂菌感染的耳木应及时用利刃、斧将杂菌削掉，然后在伤口处涂上生石灰乳（5∶100倍），效果较好。杂菌蔓延严重的耳木应及时剔除烧毁。

7. 采收及加工

（1）采收标准　黑木耳的耳芽刚长出来时，颜色深褐，通常呈粒状或杯状，随着不断地生长发育，逐渐舒展成为波浪式的叶片状，多皱褶，耳片边缘内卷，有弹性，耳根较宽扁。以后颜色逐渐转浅，耳片舒展变软，肉质肥厚，耳根收缩变细，耳片腹面产生白色粉末状的担孢子，说明黑木耳将近成熟或已经成熟，应及时采收。

（2）采收时间　应在雨后天晴，黑木耳的耳片已干，耳根尚湿润时采收。最好是在耳片全干后，趁晴天的早晨，露水未干，耳片潮软时采摘。如果耳片过干，则应先喷水，让耳片润湿后再采收，否则容易将耳片弄碎。这样采收的黑木耳，含水量少，很容易晒干，不会出现"拳耳"，碎耳也少。如遇连续阴雨，成熟的黑木耳也应在雨天采收，以免造成烂耳。

（3）采收方法　用手指将整朵耳片连同基部一起捏住，稍扭动，即可将耳片完整地采下来，放于筐中。这样采摘的黑木耳朵形完整，等级高。采收时要注意将耳根采摘干净，以免残根溃烂，引起杂菌和害虫的为害。但是，要留下耳芽。

采耳时，顺便将耳木上下倒转，将原来的阴面转向阳面，使耳木均匀地接受温度、湿度和阳光，促使黑木耳菌丝均匀生长、耳木周身出耳。

（4）木耳分级　根据国家标准局批准，1986年3月1日公布的"中华人民共和国国家标准——黑木耳"，将干木耳的质量指标分为3级。

一级：耳面黑褐色，有光亮感，背面暗灰色；不允许有拳耳、流耳、流失耳、虫蛀耳和霉烂耳；朵片完整，不能通过直径2厘米的筛眼；含水量不超过 14%；干湿比在 1∶15 以上；耳片厚度 1 毫米以上；杂质不超过 0.3%。

二级：耳面黑褐色，背面暗灰色；不允许有拳耳、流耳、流失耳、虫蛀耳和霉烂耳；朵片基本完整，不能通过直径 1 厘米的筛眼；含水量不超过 14%；干湿比在 1∶14 以上；耳片厚度 0.7 毫米以上，杂质不超过 0.5%。

三级：耳片多为黑褐色至浅棕色；拳耳不超过 1%；流耳不超过 0.5%；不允许有流失耳、虫蛀耳和霉烂耳；朵小或成碎片，不能通过直径 0.4 厘米的筛眼；含水量不超过 14%；干湿比在 1∶12 以上，杂质不超过 1%。

以上 3 级的化学指标均为：粗蛋白质不低于 7%；总糖（以转化糖计）不低于 22%；纤维素 3%～6%；粗灰分 3%～6%；粗脂肪不低于 0.4%。

（5）黑木耳的加工干制　黑木耳鲜耳的含水量很高，其重量为干制品的 10～16 倍。为了防止鲜耳腐烂变质，采收后应及时干制。晴天采回的黑木耳，可以薄薄地摊放在晒席上，在烈日下两三天即可晒干。晒时，湿耳不宜经常翻动，以免耳片卷成拳耳或破碎，影响质量。如果已经形成拳耳的，可用水喷湿让其复原后重新晒干。阴雨天采收的黑木耳，可用微热烘干。烘房可根据条件设计，但必须易于调节温度和通风换气，烘烤的温度应由低到高，从 35℃逐渐升至 60℃，经常通风换气，排除室内湿热空气，使鲜耳的水分很快蒸发掉。当温度升至 60℃时，可关闭通气孔，促使黑木耳很快烘干。烘烤时，如果温度过低，耳片不能很快烘干，就会烂掉，温度过高，耳片会被烘焦或自融。

8. 越冬管理　黑木耳的耳木是 1 次接种，连续产耳 3～4 年。所以，必须加强耳木的越冬管理。每年深秋，随气温逐渐降低，耳木中的菌丝也逐渐停止生长发育而进入“冬眠”阶段。如果耳木继续架着，耳芽和菌丝体将因冻凌而造成损失。这时，应将耳木从架上搬下来排场，进行越冬管理。操作时，注意轻拿轻放，防止损伤耳木和树皮。冬季地温比气温略高，也比较稳定，耳木放到地上，有利于保温、保湿，减少冻害，使菌丝安全过冬。待翌年“清明”节前后，气温回升时，再起架继续生产。

在放杆排场时，对于严重感染了杂菌的耳木应剔出烧毁。孳生少量杂菌的耳木，可用利刃将杂菌刮除干净，并在杂菌侵染的部位涂抹1%的石灰乳液。有条件的耳场，在越冬耳木周围撒石灰粉消毒杀菌和防治害虫。

塑料棚内栽培的耳木，入冬后，可将塑料薄膜从棚架上取下来，保藏到翌年再用。棚内的耳木可在原地堆垛起来，堆上覆盖草帘或干草，等到翌年气温回升时再恢复棚内生产管理。

（二）代料栽培的技术要点

代料栽培黑木耳栽培原料广泛，栽培工艺简便，栽培方式多样，而且生产成本低，生产周期短，整个周期仅需5～6个月，生产出的黑木耳品质较好，因此，代料栽培黑木耳尤其在北方地区是目前应用较广的一项栽培技术。

1. 栽培季节 黑木耳属中温型食用菌，因此代料栽培时要根据出耳期当地自然温度而定，根据黑木耳的生活习性，一般可以选择春栽、秋栽2种。北方地区（吉林省）春栽1～3月份生产栽培袋，6～7月份出耳，秋栽5～6月份生产栽培袋，9～10月份出耳；而南方地区（河南）春栽3～4月份生产栽培袋，5～6月份出耳，秋栽8～9月份生产栽培袋，10～11月份出耳，由于我国南北方温度差异较大，因此各地必须按照当地气温高低适当选择适宜栽培黑木耳的季节。

2. 代料配方 黑木耳代料栽培的常用配方如下：①木屑（阔叶）78%，麦麸或细稻糠20%，石膏1%，蔗糖1%。②木屑45%，玉米芯40%，麦麸或细米糠10%，玉米粉2%，豆粉1%，石膏1%，石灰0.5%～1%，蔗糖0.5%～1%。③棉籽壳90%，麦麸或细米糠8%，石膏1%，蔗糖1%。④木屑30%，棉籽壳30%，玉米芯30%，麦麸或细米糠8%，蔗糖1%，石膏1%。⑤稻草70%，木屑20%，麦麸或细米糠8%，石膏1%，石灰0.5%～1%。⑥豆秸粉90%，麦麸或细米糠8%，石膏1%，石灰0.5%～1%。

以上配方在栽培时含水量要求在55%～60%，灭菌后的pH值为5.5～6.5。

3. 拌料、装袋、灭菌　采用(15～17)厘米×(33～55)厘米×0.045厘米的聚乙烯或聚丙烯塑料袋，要求塑料袋厚薄均匀，无折痕、无漏洞、耐高温、耐拉力，装袋时要求上下培养料松紧一致，装好的塑料袋中间打孔，松紧适度，袋口用无棉盖体或橡皮筋封口或用拧袋方法封口，拧袋法是一种封口新方法，省工、省时便于接菌。装完袋后，将袋口拧1圈平折于料面，倒立于周转筐内，利用灭菌时的高温定型使袋口自然封上。

灭菌方法同其他菇类代料栽培灭菌。常压100℃灭菌10～12小时，高压蒸汽灭菌(0.147兆帕，126℃)1.5～2小时(具体操作和注意事项详见菌种制作部分)。

4. 菌丝培养　培养室可以利用空闲房屋或简易棚等，要求保温、保湿、通风性能良好，周围环境洁净无污染、空气清新。

接种完毕后，菌袋即可移入培养室发菌，培养室内需遮光，如果光线过多，容易抑制菌丝生长，并可能导致菌丝发菌后期过早形成原基。

温、湿度的控制上，要求室内温度前高后低，发菌初期培养室温度保持在25℃～28℃，使黑木耳菌丝迅速定植、吃料。7～10天后，菌丝便可封面，这样能减少杂菌的污染。这时室温不宜过高，因为此时菌丝迅速生长，代谢活动旺盛，会产生热量使菌袋内温度升高。应将室温逐渐降至22℃～24℃。室内空气相对湿度应保持在60%～70%，过高易造成杂菌污染，过低易使培养料水分蒸发。

在通风环节上不可麻痹大意。黑木耳是好气性真菌，在移入培养室后 7～10 天，即没封面前可以不通风，但以后要经常通风，使培养室始终保持空气新鲜，每天通风换气 1～2 次，每次 30 分钟左右，温、湿度过高时，应适当增加通风次数和通风时间。

黑木耳菌丝培养阶段要十分注意定期观察菌丝生长情况，一旦发现有杂菌污染，应及时挑出、及时处理。

一般菌袋培养 40～60 天，菌丝就可长满全袋，再继续培养 10 天左右，使菌丝充分吸收和积累大量营养物质，以达到生理成熟。

5. 大棚挂袋栽培

(1)耳房选择　光照及通风良好，栽培室四壁最好是水泥墙面。当菌袋有少许耳芽时移入出耳房，这样既可防止开洞过早、菌丝生理成熟不够，引起杂菌污染和水分散失，又可防止开洞过晚而造成菌丝老化。

(2)耳房的清洁与消毒　发好菌的栽培袋，在进耳房以前必须将耳房清洁干净，并布置好栽培架。栽培架用木制或角钢加工制成，长度视耳房而定，宽 80 厘米，每层各拉 5 条 10 号铁丝，间距为 19～20 厘米；架高以 240～280 厘米为宜，分成 5～6 层，每层距离 45～50 厘米，两架之间应留有 60 厘米的通道，采用松木制架时，必须涂油漆以防木霉等杂菌孳生。耳房在菌袋开洞前 3～5 天再清洁 1 次。同时还要进行药物消毒，每 20 平方米用硫黄 0.5 千克及甲醛 0.5 千克，密闭熏蒸 24 小时，熏蒸时必须加大耳房空气相对湿度，以达到消毒的效果。

(3)菌袋消毒　菌袋从培养室移至耳房内或耳房附近，预先清洗干净，用桶盛 0.1%～0.2%的甲基托布津药液或 0.2%高锰酸钾溶液，手提塑料袋口，将菌袋浸入药液中旋转数下即可提起(手要戴胶手套)。

(4)扎绳　扎绳之前先将棉塞拔除，脱去套环，用绳扎于袋口上备用。

(5)割膜开口　接种后先避光培养，当黑木耳的菌丝完全吃料后再见光、割膜开口出耳。

①光处理：袋栽黑木耳菌丝长满袋后，应置于通风、凉爽地方见光3～5天，再割膜开口，这样既可促进子实体形成，又可缩短割膜开口后出耳的时间，减少杂菌危害。

②菌袋表面消毒：割膜开口前，套环袋应先把棉塞、套环去掉，然后将袋口扎紧。菌袋表面可用0.2%高锰酸钾溶液或0.1%甲基托布津溶液擦洗消毒。

③割膜划口：割膜划口可用锋利小刀或刀片，使用前注意刀具消毒，划口的形状以“/”或“V”较为适宜。在割膜划口时，可以同时将里面菌膜轻微划破(深3～5毫米)，这样做有利于受伤菌丝部位(在划口附近)形成耳芽。划口长1.5～2厘米，划口与划口之间相距3～4厘米，呈“品”字形排列，下层口距袋底部5厘米。做挂吊袋培养的，在菌袋底部宜开2个小孔，以利于袋内积水排出。

瓶栽时，为了防止瓶壁产生大量耳芽和瓶口耳芽过密，应用纸或黑塑料膜包裹瓶壁遮光，瓶口去掉盖纸，保留瓶口塑膜。可在瓶口塑料膜上用长针扎数孔以便于透气，再用笔蘸墨汁或石灰乳在膜上划“井”字，使瓶口部分遮光，以免瓶口形成耳芽过密。

(6)吊袋　菌袋划口后应及时上架。用预先制备好“S”形铁丝(14号铁丝)，吊挂到栽培架的铁丝上，袋与袋相距10厘米左右，每个耳房力争在3天内挂满，以便管理。

(7)出耳管理

①子实体原基形成阶段：黑木耳子实体原基是在低温(18℃～20℃)刺激和光照下形成，初期要通风降温，增加光照，促使耳基形成，此阶段温度18℃～20℃，光照要足，空气相对湿度80%，一般不要直接向划口处喷水，如果此时加大空气相对湿度或喷水，菌丝就会迅速生长，形成一层白色菌皮，影响耳芽的发育。

②幼耳期：子实体原基形成到耳芽形成，此阶段需 3～6 天。此阶段温度控制在 20℃～25℃，空气相对湿度为 85%～95%，不直接向栽培袋喷水，但要保持料内 60%～70%的含水量。耳芽形成后，即可适当喷水，每天 1～2 次。延长光照，促使小耳形成。若耳芽发白，表明喷水太重。

③成耳期：子实体由小耳长成大耳，一般需要 10～20 天，此阶段温度 20℃～25℃，空气相对湿度为 85%～95%，加强通风换气，增强光照，同时辅以少量直射光，要经常少量多次喷水，雾状为好，以满足水分需要。要严防高温、高湿，以免杂菌污染。

(8)采耳　成熟的黑木耳，耳片展开，边缘内卷，耳根由大变小，耳片富有弹性即可采收。采耳前要停水 1～2 天，使耳根收缩后再采。采收时拣成熟的先采，用手指顺着耳的边缘，插入基部摘下，不要强拉耳片，不要留下残耳，以免腐烂而引起杂菌污染。

6. 全光照地栽黑木耳的出耳管理　全光照地栽黑木耳是目前吉林省普遍采用的栽培方法，不需荫棚，露地栽培，粗放管理。菌袋长满后，黑木耳菌丝应有一个后熟过程，早熟品种后熟期为7～10 天，中晚熟品种后熟期为 30～40 天，温度控制在 22℃左右，空气相对湿度控制在 60%左右。

(1)菌袋处理　将长满的菌袋去掉套环及无棉盖体，袋口用绳扎好后，用 0.25%高锰酸钾溶液将菌袋表面擦洗 1 遍消毒。

(2)割膜划口　划口应在无风晴天早、晚进行，不能选在雨天进行。袋口扎严后，用消毒刀片在菌袋表面划口，单片品种环割 3 排“V”形口，每排 4 个，“品”字形排列，每袋划 10～12 个，“V”形口呈 45°～50°角，斜线长 1.5～2 厘米，深度 0.5 厘米；菊花品种划 6 个“1”字形口，口长 10～12 厘米，距袋口和袋底各 3 厘米。

(3)人工催耳　目前催耳方法有以下 3 种，可以根据自家条件或个人喜好任意选择。

①室内催耳：菌袋划口后立式摆放在室内床架上。

②室外集中催耳：将菌袋集中摆在室外耳床上，上面盖塑料薄膜和遮阳网（稻草帘）。

③室外直接催耳：在室外菌床上铺地膜，然后将菌袋直接按照出耳方式摆放在耳床上，上面盖塑料薄膜和遮阳网（稻草帘）。

（4）耳场条件　出耳场地选在周围开阔、环境清洁、通风良好、易排水防涝、靠近水源、交通方便的场地，如草地、平地、缓坡地或6阳4阴的林地，切忌低洼地。

①场地准备：低洼易涝排水不好的地块应做高畦，坡地及排水良好的地块做平畦或低畦（畦面低于地面）。畦床宽1米，长10～20米，作业道宽60厘米，床面撒除草剂除草和石灰消毒。

②场地处理：摆袋前1天，床面用500倍的克霉灵水溶液喷雾，浇1次透水，并将盖菌袋用的稻草帘用500倍的克霉灵水溶液喷雾消毒。

③场地设施：根据黑木耳出耳期对水分的大量需求及东北地区早春干旱的气候特点，在摆袋前挖好贮水池，铺设好微喷系统。

（5）摆袋　当旬平均气温保持在15℃以上时，即5月初至5月中旬摆袋。每平方米摆放25袋，每667平方米可利用400平方米，摆放1万袋。菌袋直立摆放在畦床上。袋与袋间隔10厘米左右，袋与袋呈“品”字形排列。

（6）出耳管理

①耳基期：一般7～10天，摆袋后的管理主要是加大喷水量，保持床面湿润、空气相对湿度保持在80％。当天气干旱，可向遮阳网或稻草帘喷雾状水，至遮阳网或稻草帘向下滴水为宜，或晚间将稻草帘浸湿，翌日早晨再盖上。割口后7～10天，在割口处可见黑色耳基。

②耳芽期：保持床面空气相对湿度85％（即床面见湿、稻草帘湿润）。当床面干燥时，可在晚间撤下遮阳网或稻草帘，早晚向菌袋及床面各喷1次雾状水，再盖上湿的稻草帘，切忌浇水过勤或浇

大水，耳基期后 5～7 天耳基逐渐膨大伸展，形成参差不齐的耳芽。

③伸展期：加大空气相对湿度至 90%并通风，保持耳片迅速生长，耳芽期后 7～10 天，耳芽长成不规则的波浪状耳片。当耳片伸展到 1 厘米时，撤去草帘，进行全光栽培，浇水与晒菌袋相结合，少喷勤喷，浇水 3 天，停水 2 天，循环进行，“干干湿湿，干湿交替”。

(7)采收　采收标准及采收方法如前所述。采后将耳片基部处理干净，菊花状黑木耳应沿连接处撕开，及时将耳片摊放在竹帘或筛网上晾晒，如遇雨天应遮雨，不可集中堆放，以免形成拳耳影响质量。

(8)加工　黑木耳的粗加工，生产上多采用自然干制的方法加工成干耳，既可以干耳上市，也可将干耳用清水浸泡后，再以湿耳(鲜耳)上市。近期采用压块包装等加工成中高档包装的木耳砖，在各国各大超市出现，一改过去干木耳体积大、运输不便及破碎的缺点，深受广大消费者欢迎。

思 考 题

1. 简述黑木耳的生活史。
2. 简述黑木耳段木栽培的主要步骤。
3. 黑木耳代料栽培中对杂菌污染如何进行综合防治？
4. 木耳栽培中应如何进行水分管理？
5. 黑木耳代料栽培目前采用哪几种方法？试加以比较。

第七章 平菇园艺工基本技能

一、概 述

平菇原是专指糙皮侧耳(*Pleurotus ostreatus*),现常将侧耳属[*Pleurotus* (Fr.) Kummer]中一些可以栽培的种或品种泛称为平菇。侧耳属真菌的子实体成熟时,菌柄多侧生于菌盖的一侧,形似人体的耳朵,故称侧耳。目前,已知侧耳属有31种,进行商业性栽培的有10多种,包括糙皮侧耳、佛州侧耳、美味侧耳、凤尾菇、金顶侧耳(榆黄蘑)、鲍鱼侧耳(鲍鱼菇)等常见侧耳,也包括黄白侧耳(姬菇、秀珍菇)等珍稀侧耳。

(一)形态特征

1. 子实体 糙皮侧耳的子实体丛生或叠生,裸果型,包括菌盖、菌柄和菌褶3部分。菌盖为贝壳状或扇状,直径4～12厘米或更大,幼时为青灰色或灰黑色,长大后颜色变淡,为灰白色或白色。菌柄着生处下凹,常有棉絮状绒毛。柄侧生,短或无,内实,白色,长1～3厘米或更长,粗1～2厘米,基部常有白色绒毛。菌肉白色;稍厚,柔软。菌褶延生,长短不等,白色,质脆易断。

2. 菌丝体 白色,绒毛状,多分枝,有横隔,是糙皮侧耳的营养器官,分单核菌丝(初生菌丝)和双核菌丝(次生菌丝)。单核菌丝较纤细,双核菌丝具锁状联合。在马铃薯葡萄糖琼脂培养基(PDA)上,双核菌丝初为匍匐生长,后气生菌丝旺盛,爬壁力强。双核菌丝长速快,正常温度下7天左右可长满PDA试管斜面,有时会产生黄色色素。

(二)生 活 史

糙皮侧耳属于双因子控制四极性异宗结合的食用菌。糙皮侧耳的生活史从担孢子开始,由担孢子萌发形成单核菌丝,再由单核菌丝融合成为双核菌丝,进而由双核菌丝扭结形成子实体,最后由子实体再产生出新的担孢子的整个发育过程(图 7-1)。

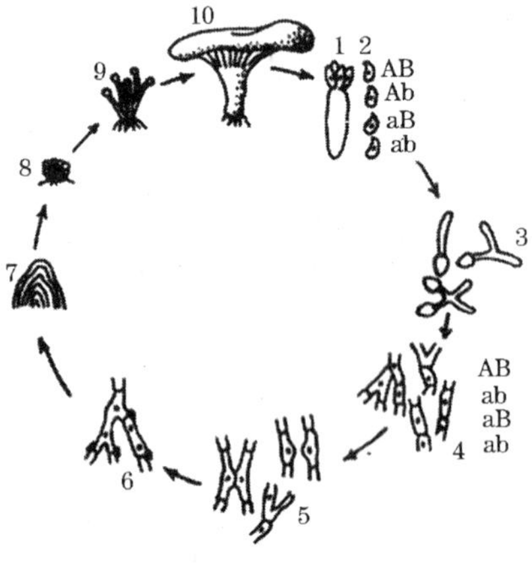

图 7-1　平菇生活史

(杨曙湘,1996)

1. 担子、担孢子　2. 不同极性的担孢子　3. 担孢子萌发　4. 不同极性的单核菌丝　5. 质配　6. 双核菌丝及锁状联合　7. 菌丝扭结　8. 桑椹期　9. 珊瑚期　10. 子实体

糙皮侧耳的双核菌丝通过锁状联合不断进行细胞分裂,达到生理成熟后,菌丝扭结形成子实体原基。子实体的分化发育可分成以下几个时期。

1. 原基期　当菌丝体充分发育成熟后,在适宜的外界条件下,菌丝相互扭结成团,在培养料表面形成无任何组织分化的小凸起。

2. 桑椹期　白色或浅蓝色的小凸起(原基)进一步分化发育,成为一堆白色或浅蓝灰色的小米粒状的菌蕾,形似桑椹,称为桑椹期。

3. 珊瑚期　桑椹期后经一定时间,米粒状菌蕾各自逐渐伸长呈短杆状。短杆状菌蕾中间膨大成为原始菌柄,此时菌盖尚未分化,整丛菌蕾形如珊瑚,称为珊瑚期。

4. 成形期　菌柄逐渐增粗,菌柄顶端分化出黑色(或暗绿色)

的球形小菌盖。菌盖开始比菌柄细小，而后迅速向一侧扩大生长，菌盖下方也逐渐分化出菌褶。菌盖形成后，菌柄生长缓慢。在这一阶段，大部分小菇蕾停止生长，最后只剩下少数几个继续发育成形。

5. 成熟期 菌盖逐渐平展，色泽渐淡，并有孢子开始弹放，此时已达成熟期，应及时采收。

（三）生长发育条件

1. 营养 糙皮侧耳是木腐菌，分解木质素和纤维素的能力很强。它生长过程中所需的营养成分主要有碳源、氮源、无机盐和维生素。

2. 温度 糙皮侧耳的品种较多，有中低温型的，也有广温型的。菌丝体生长温度范围是 3℃～35℃，最适温度是 24℃～26℃，28℃以上易产生黄色水珠，老化快。超过 33℃，菌丝生长很慢，超过 40℃便不能生存。低于 3℃则不再生长，但不会死亡。

子实体形成温度范围，依品种的感温型不同而有所差异，但一般在 3℃～27℃，最适为 8℃～17℃。变温刺激有利于子实体的形成，但要求不严格，也能在基本是恒温的地道内形成子实体。在适温范围内，温度低，子实体生长慢，菌肉厚实，品质优；温度高，发育快，朵型小，菌肉偏薄，品质变差。

孢子形成以 12℃～20℃为适温，孢子萌发最佳温度为 24℃～28℃。

3. 水分与空气相对湿度 糙皮侧耳是喜湿性食用菌。在菌丝生长阶段，培养料的含水量以 60%～65%为宜，空气相对湿度应保持在 70%左右。出菇阶段，培养料含水量应稍高些，以 65%～70%为宜，空气相对湿度要求在 85%～95%，空气相对湿度低于 80%，则子实体发育变缓，易干枯。若高于 95%，菌盖、菌蕾容易变色、腐烂。

4. 空气 糙皮侧耳是好氧菌，生长需要氧气。但其菌丝对二氧化碳不敏感，菌丝体在二氧化碳浓度(体积比)为 2%～3%时生长尚好，超过 3%则受到影响。菌丝可以在半厌氧条件下生长，但必须保证氧的供应，否则菌丝生长一样会受到影响。在子实体形成和发育阶段，需要通气良好，当缺氧和二氧化碳浓度大时，不能形成子实体，已形成的子实体也会畸变或死亡，因此在这一阶段，二氧化碳的浓度要低于 0.1%。

5. 光照 糙皮侧耳是需光性真菌，但不同发育阶段对光照要求不同。菌丝生长阶段不需要光照，光对菌丝生长有抑制作用。但子实体的形成与发育需要一定的散射光刺激。在光照过暗时形成菌柄细长，缺少菌盖或菌盖色泽浅淡的畸形菇。在完全黑暗的条件下，不易产生子实体。适量的散射光不但可诱导原基的形成，也有利于子实体的正常发育，但光照过强，也会妨碍其正常生长。

6. 酸碱度 糙皮侧耳喜偏酸性的环境，菌丝在 pH 值 5～9 条件下能生长繁殖，但最适 pH 值为 5.5～6.5。由于生长过程中菌丝的代谢作用，培养料的 pH 值会逐渐下降，同时为了减少喜酸性杂菌的污染，因此在培养料配制时，pH 值以偏碱为宜。

二、工艺流程

平菇的栽培方式灵活多样，目前多采用发酵料床式栽培和发酵熟料袋式栽培。床式栽培是一种开放式的、简便易行的生产方法。本方法对推动平菇栽培技术的普及，曾发挥过积极的作用，分为生料床栽和发酵料床栽 2 种形式。熟料袋式栽培是目前国内应用最为普遍的一种栽培方法。按照培养料的不同处理方式，可分为生料、发酵料、熟料、发酵熟料等 4 种袋式栽培法。

下面分别介绍发酵料床栽和发酵熟料袋栽技术的工艺流程。

(一)发酵料床栽的工艺流程

菇房消毒→原料配制→原料发酵→铺料播种→发菌管理→催蕾→出菇管理→采收→转潮管理

(二)熟料袋式栽培的工艺流程

塑料袋、原料准备→堆制发酵→装袋灭菌→冷却→接种→发菌管理→催蕾→出菇管理→采收

三、技术要点

(一)发酵料床栽的技术要点

1. 栽培季节与品种的选择　发酵料床栽是一种开放式的栽培，与熟料袋式栽培比较，相对容易感染杂菌。因此，播种季节一般选在低温的晚秋、冬季和早春。与此相配套，一般选择耐低温、抗杂性强的糙皮侧耳品种。具体播种时间，南方宜在9月下旬至翌年3月上旬。北方根据气温下半年可适当提前，上半年可适当延后，特别寒冷的冬季不适合生产。

2. 菇房的消毒　菇房和床架的消毒，一般先用新配的浓石灰水涂刷墙壁和床架1～2次；然后每立方米空间用硫黄15克或甲醛和敌敌畏混合溶液各10毫升，掺以适量的干燥木屑或稻壳，点燃密闭熏蒸24小时，开窗通风2日后再使用。

3. 原料的配方与配制　①棉籽壳95%，麸皮3%，石灰1%，石膏1%。②稻草85%，麸皮或米糠10%，玉米粉3%，石膏1%，石灰1%。③玉米芯88%，麸皮8%，石灰1.5%，石膏1.5%，过磷酸钙1%。④甘蔗渣80%，米糠15%，石膏2%，石灰2%，过磷酸钙1%。⑤锯木屑78%，麸皮或米糠20%，石膏1%，石灰1%。

上述配方中的各种主料、辅料，均要求新鲜、干燥、无霉变。稻草、玉米芯等，要先切成 6 厘米以下的短段或粉碎成 1～2 厘米的碎片或颗粒，并装入编织袋内，在 1%～3%的石灰水中浸泡 1～2 天，使其吸水并充分软化。使用前用清水冲洗至 pH 值 7～8，并将料内多余水分沥干。然后加入辅料混拌 2～3 遍，再加入适量水翻拌均匀，将含水量控制在 65%。

4. 堆制发酵 平菇培养料的堆制发酵是一种短期好氧发酵。通过发酵，能较好地改善培养料的理化性能，并借助发酵热，将潜藏在培养料内的大部分杂菌与虫卵杀死。培养料发酵质量的好坏，关系到栽培的成败与产量的高低，因此发酵是平菇床式栽培中一个很重要的环节。发酵时应注意以下几点。

(1)料堆的体积要适宜 一般宽 1.2～1.5 米，高 1～1.4 米，长度适宜。尽量增加中间高温发酵层的比例，减少低温干燥外层和厌气发酵下内层的比例。每次建堆的培养料应不少于 250 千克。

(2)建堆时水分的含量应偏大 料水比夏季控制在 1∶1.6～1.7，冬季控制在 1∶1.4～1.5，春、秋季控制在 1∶1.5～1.6。如水分过多或过少，应在第一次翻堆时调整。过多则摊开晾晒，过少则添加 0.5%的石灰水或补充 80℃以上的热水。

(3)料堆应尽量疏松集中 四周要陡直，培养料应抖松上堆，堆毕用直径 5 厘米的木棒从堆顶直达底部均匀地打通气孔，孔距 20～30 厘米。建堆后用薄膜覆盖保湿，必要时应加盖草帘或麻袋等保温。但覆盖不要过于紧密，应定期掀动通风。

(4)及时细致地进行翻堆 翻堆的目的：一是互换培养料的位置，使堆料发酵均匀，杀死杂菌和害虫；二是增加堆内的氧气，排除料内的废气，促进嗜热微生物的活动，使料内的大分子养分更好地被分解贮备。第一次翻堆，可在堆温达 50℃以上时进行。此后的翻堆，应在堆温达 60℃以上，保持 8～12 小时后才进行。一般共进行 3～4 次翻堆，历时 6～8 天。

(5)掌握好发酵的质量　发酵良好的料呈黄褐色至深褐色，遍布适量白色粉状嗜热放线菌菌丝，具有特殊香味，含水量适中，手感料软松散，不发黏。如出现白化现象，培养料腐软变黑，有刺鼻酸味、臭味，则不能用于栽培。发酵结束后应及时散堆降温，并用石灰粉调整 pH 值为 7～8。

5. 铺料播种　将发酵好的培养料平铺在已消毒的床架薄膜上，料厚为 10～15 厘米，气温低时厚些，气温高时稍薄。每平方米床面用干料 15～20 千克。将料平整压实，料表面呈龟背形。播种方式有层播、混播或条播等，一般常用层播法，分 2 层或 3 层播种，即铺一层料，播一层菌种，底层料厚是中上层料厚的一半，上中下 3 层菌种的用量比例为 2∶1∶1。菌种用量约为料干重的 15%。为了让菌丝尽快封面，边缘及上层料表面的用种量一定要大，这样能有效地防止杂菌感染，保证发菌成功。播种后，用木板轻压，使菌种与料充分接触。播种后先盖一层报纸，再盖上薄膜即可。盖报纸的目的，一是为遮光，促进发菌；二是为吸湿，防止薄膜上的凝结水浸泡菌种。盖塑料薄膜的目的主要是为了保湿、保温和防止杂菌污染。

6. 发菌管理　床栽发菌管理的重点是防高温烧菌，防杂菌污染，防膜内凝结水过多。发酵料在播种后，料温通常会比气温高出 2℃～3℃。此时应密切注意料温的变化，将温度计插入菇房最高层菌床的培养料的中心部位，每天观察数次。最好将料温控制在 25℃以内，最高不超过 28℃。当料温过高时，应及时掀膜降温，并可在室内地面、墙壁、空中喷冷水降温，同时适当通风换气。发菌初期，只要料温不高，可不掀动薄膜。当菌丝已布满料表面，并向深层蔓延时，为防止二氧化碳过多，氧气不足，应在气温低时，适当地掀膜通风。发菌后期，菌丝的呼吸作用进一步加强，此时掀膜通风的次数应增加，时间应延长，菇房也要经常开门窗换气，保持空气新鲜。如果膜内凝积水过多,要及时掀膜排湿。如果局部污染霉菌,可在污染部位抹盖石灰乳。总之,掀膜动作应轻巧,掀开薄膜时间不要过长。整个发菌期间,菇房要始终保持遮光和相对干燥,这样有利于菌丝的生长。

7. 催蕾与出菇管理 糙皮侧耳一般在播种25～30天,菌丝布满整个料床,此时应及时转入催蕾管理。可先除去覆盖菌床的报纸,同时增加菇房的光照,将气温调整到出菇温度范围内,适当向地面、墙壁和空中喷水以增加湿度,加强通风,每天掀动薄膜2次,促进原基的分化与形成。当瘤状突起原基形成较多时,应及时掀去薄膜,防止原基发生过密。

随着珊瑚状蕾群的出现,管理的重点是通风和保湿。此时要保持室内空气清新,保证空气相对湿度在90%～95%,尽量促进菌蕾从珊瑚期向成形期转化,提高成菇率。通过看天气、菇蕾数量及发育状况来决定开窗通风的时间与喷水的次数。如管理得当,菇体健壮生长,质量优,产量高。如水分或通风等未处理好,则花菜菇、大脚菇等畸形菇就将出现,严重影响产量和效益。

8. 采收和转潮管理 糙皮侧耳为丛生性菇类,应以一丛中分化最早的个体作为采收标准,当菌盖基本平展,边缘稍微内卷,菌盖颜色略为变淡,开始少量弹射孢子时为最佳采收期。

采收时,一手压住培养料,一手捏住菌柄轻轻旋转摘下。注意要整丛一起采下,不要拉松料表面,否则会损伤菌丝,影响下潮出菇。

一潮菇采收完毕后,应及时清理床面,将碎菇、死菇及残根败料清除干净。开窗通风1～2天,待料面稍下爽后,喷水调整菌床的含水量,然后停水盖膜养菌4～5天,再逐渐加大空气相对湿度,加强通风透光处理。当再次现菌蕾后,去掉薄膜,进入下一潮菇的出菇管理。

(二)熟料袋式栽培的技术要点

1. 栽培季节与品种的选择　糙皮侧耳不耐高温,宜在秋、冬、春3季生产,早秋与晚春出菇可采用广温型品种,晚秋、冬和早春出菇可栽培中低温型品种。

2. 塑料袋准备　通常采用耐高温高压的聚乙烯或聚丙烯塑料筒袋,聚丙烯塑料袋质脆耐高压,宜在高温季节和高压灭菌时使用;聚乙烯塑料袋韧性好,抗拉,耐高压性较差,一般在低温季节和常压灭菌时使用。栽培糙皮侧耳宜选用较薄(厚0.015～0.03厘米)的塑料袋。常用塑料袋规格:一般为(20～30)厘米×(40～50)厘米,两头开口。高温季节宜选用小口径短袋,低温季节宜选用大口径长袋。

3. 原料配方与配制　可参照发酵料床栽配方,但为了取得较高的单产,根据主料的不同可适当增加一些富含氮素的辅料。①棉籽壳86%,麸皮10%,石灰2%,石膏1%,过磷酸钙1%。②稻草(长6～8厘米)78%,麸皮18%,石膏1%,石灰2%,过磷酸钙1%。③玉米芯80%,麸皮10%,玉米粉6%,石灰2%,石膏1%,过磷酸钙1%。

一般是主料先加水或浸水预湿,充分吸水后,再将多余的水沥干,然后加入辅料,充分拌匀,调节水分至适合发酵的程度。堆制发酵后装袋或拌匀后直接装袋灭菌。

4. 堆制发酵　堆制发酵的方法与发酵料床栽相同,但翻堆的次数应减少为2～3次,发酵时间缩短为3～6天,发酵结束后,培养料的腐熟度应比床栽略低。

5. 装袋灭菌　将发酵料装入塑料筒内,边装边压,松紧适度(手按略有弹性),然后两头用绳索扎活结封口,或直接套塑料颈圈(直径4～5厘米,可用包装塑料袋焊制),外加塑料薄膜封口。料袋装好后,进行高压(0.147兆帕,126℃)或常压(100℃)蒸汽灭菌。在灭菌锅(灶)内摆放时,料袋间应留有空隙。高压灭菌时间为1.5～2小时,常压蒸汽灭菌时间为10～12小时。灭菌结束后,缓慢排放蒸汽,以防料袋胀裂。

6. 接种 培养料经过发酵和灭菌双重处理,成为了一种适合糙皮侧耳菌丝生长但不适合杂菌孢子萌发繁殖的选择性培养基。与熟料袋栽不同,发酵熟料袋栽可以进行开放式接种。

平菇袋式栽培常在料袋两头接种。解开扎口的绳索,将菌种均匀撒播在袋口料面,稍加按压,然后套上塑料颈圈,外加报纸封口。灭菌前已套好颈圈的,接种后,只需将薄膜换成报纸封口即可。

7. 发菌管理 菌丝定植后,即进入发菌管理。此阶段的管理要点是控制料温,适当通风,遮避光线,保持干燥。袋栽接种后可堆码发菌,堆高和堆间距应根据当时的气温灵活掌握,原则是袋内菌温控制在20℃～28℃,严防料温超过30℃,日平均气温在10℃以下,可堆放4～5层;气温在10℃～20℃时,可堆放3～4层,气温在20℃以上时,要散开单层平放,不宜上堆。堆间距一般为60厘米,便于操作。如在严寒冬季,为提高料温,可将堆间距缩为10厘米以内,外盖薄膜保温发菌。发菌期间,每天观察料温变化,若超过28℃以上,应及时散堆降温,同时开门窗通风。为使发菌均匀,一般每隔7～10天翻堆1次,将上、下层菌袋互换位置。一般经过20～30天发菌管理,菌丝即可长满袋。

8. 催蕾与出菇管理 菌丝长满袋后,继续培养4～5天,促其进一步成熟。当袋口料面有淡黄色分泌物出现时,应及时增加光照,喷水增湿,同时降低温度,拉大温差,加强通风,促进原基形成。当袋口颈圈内已分化出珊瑚状蕾群时,应将封口的报纸去掉。但颈圈仍需保留。

随着菇体的逐渐长大,应增加菇房湿度。气候干燥时,可适当向菇体喷少量细雾水。加强通风换气,保持空气新鲜,促使子实体正常生长发育。每采完一潮菇后，停水 3～4 天，以利于养菌。出菇 2 潮后，菌袋失水严重，此时可通过浸泡或注入法补充水分。补充标准是，补水后菌袋重量不得超过其出菇前重量的 90%。平菇菌丝长满菌袋后，即可在菇房中床架上排放出菇或在菇房地面码成墙式，在菌墙两侧出菇，也可以在室外脱袋覆土出菇。后者易于保湿，但应小心浇水，避免泥水污染菇体。

平菇出菇期间往往大量弹射孢子，而使个别人员出现类似重感冒的过敏症状。解决的办法：一是适当提早采收，既可避免上述现象的发生，也可延长平菇的货架期；二是选育无孢平菇；三是对孢子过敏的人员应及时离开菇房，一般可以不治而愈。

思考题

1. 简述平菇子实体的发育过程。
2. 简述平菇出菇期间菇房管理的工作要点。
3. 如何避免平菇孢子引起少数人的变态反应？
4. 为什么平菇能成为世界性广泛栽培的食用菌之一？
5. 你认为平菇优良菌种选育的方向是什么？

第八章　杏鲍菇园艺工基本技能

一、概　述

杏鲍菇[*Pleurotus eryngii*（D C.：Fr）Quel]，亦称刺芹侧耳、雪茸(日本)、干贝菇。它和平菇的分类地位相同，属于担子菌门，层菌纲，伞菌目，侧耳科，侧耳属。

杏鲍菇是近年来新兴的食用菌品种，栽培历史较短。法国、意大利、印度等国先后进行了杏鲍菇的栽培研究。近年来，泰国、美国、日本、韩国及我国台湾省都兴起了杏鲍菇的栽培，实现了工厂化生产。现在，杏鲍菇已推广应用到全国各地，开发出了不同的生产方式和方法，并进行了反季节栽培生产。上海、福建、广东等地依照金针菇的工厂化生产模式，实现了杏鲍菇的周年化生产。

(一)形态特征

1. 菌丝体　初生菌丝为单核菌丝，白色，粗壮，不孕。不同的单核菌丝在生长速度和菌落形态上有差异，有的单核菌丝的菌落与双核菌丝的菌落无明显区别。双核菌丝浓密，粗壮，整齐，生长快，有锁状联合，在适宜的条件下可大量繁衍并产生子实体。

2. 子实体　子实体单生或群生，菌盖直径2～12厘米，初期盖缘内卷呈拱圆形，成熟后平展，后期盖缘上翘，中央浅凹，呈浅盘状至漏斗形，表面有丝样光泽，不黏，幼时为淡灰黑色，成熟后浅棕色或黄白色。菌肉白色，具杏仁味。菌褶延生，密集，白色，不等长。菌柄中生或偏心生，呈棒状至保龄球状，柄长2～8厘米，粗0.5～3厘米，近白色至浅黄白色，光滑，中实，肉质。

(二)生 活 史

杏鲍菇的生活史与平菇的生活史相似。从担孢子萌发开始，产生单核菌丝，可亲和的两种不同交配型的单核菌丝质配，形成双核菌丝，双核菌丝发育成熟后，扭结分化成子实体，子实体菌褶上担子细胞先核配，经两次成熟分裂(包括 1 次减数分裂)产生单核的新一代担孢子的全过程。

(三)生长发育条件

1. 营养 杏鲍菇是一种具有一定寄生能力的木腐菌，具有较强的分解木质素、纤维素能力。栽培时需要丰富的碳源、氮源。氮源丰富时，菌丝生长旺盛粗壮，子实体产量高。杏鲍菇可利用的碳源物质有葡萄糖、蔗糖、棉籽壳、木屑、玉米芯、甘蔗渣、豆秸、麦秸等；可利用的氮源物质有蛋白胨、酵母膏、玉米粉、麸皮、黄豆粉、棉籽粉、菜籽饼粉等。实际栽培时，主料以棉籽壳、玉米芯为好，辅料除麸皮、玉米粉、石膏等外，有时添加少量含蛋白质高的棉籽粉、菜籽饼粉或黄豆粉等，可使子实体增大，并可提高产量。

2. 温度 杏鲍菇属中偏低温型的菌类，菌丝生长温度范围为 5℃～33℃，适宜温度为 22℃～27℃，最适温度是 25℃左右。子实体生长温度因菌株(strain)而异。杏鲍菇原基形成和子实体发育的温度范围较窄，多数菌株在 8℃～20℃，最适温度为 12℃～18℃，低于 8℃不会形成原基，高于 20℃时，易出现畸形菇，并易遭受病菌侵染，引起菇体变黄萎蔫。

3. 水分与空气相对湿度 菌丝生长阶段，培养料含水量以 60%～65%为宜，但由于出菇期间不宜直接往菇体上喷水，其所需水分主要靠培养料供应。所以，配料时含水量可适当提高至 62%～68%。出菇阶段，培养料含水量保持在 60%左右为宜，低于 55%，出菇困难。空气相对湿度，菌丝阶段以 60%左右为宜，原基分化阶段以90%～95%为宜，子实体发育阶段，可适当调低至85%～90%。

4. 光照 杏鲍菇菌丝生长阶段不需要光照，光照过强，菌丝长速减慢。原基形成和子实体发育需要散射光。适宜的光照强度为500～1 000勒，应保持菇房内明亮。光照不足，子实体易畸形。

5. 空气 杏鲍菇是好氧性真菌。菌丝生长和子实体发育都需要新鲜的空气。但在菌丝生长阶段，一定浓度的二氧化碳对菌丝生长有刺激作用。原基形成阶段，需要充足的氧气，二氧化碳的浓度应控制在0.1%以内，否则原基不分化而膨大成球状。子实体发育阶段，二氧化碳浓度以小于0.2%为宜。

6. 酸碱度 菌丝生长的pH值范围为4～8，最适pH值是6.5～7.5，出菇阶段的最适pH值为5.5～6.5。由于培养基灭菌后pH值会下降，菌丝的新陈代谢作用也会使pH值降低。因此，为了稳定基质的pH值，控制喜酸性杂菌的生长，配料时常将pH值提高至7.5～7.8。

二、工艺流程

按照盛装培养料容器的不同，杏鲍菇的栽培方式有瓶栽、袋栽、箱栽和柱形栽培等方式。根据出菇时是否覆土，又可分为覆土栽培和非覆土栽培2种方式。目前国内应用较为普遍的主要有袋栽、瓶栽和覆土栽培3种方式。瓶栽主要在工厂化生产中使用。袋栽应用面广，是我国最主要的栽培方式。覆土栽培主要有畦式覆土出菇和垒墙式覆土出菇等方式。由于菌丝的抗杂菌能力较差，杏鲍菇不能用生料栽培。发酵料栽培也很少采用。实际生产中，培养料的处理方式主要有熟料或发酵熟料2种。下面以熟料袋栽和覆土栽培为例介绍杏鲍菇的栽培技术。

杏鲍菇熟料袋栽和覆土栽培的工艺流程如下。

原料准备→培养料配制→装袋→灭菌→冷却→接种→发菌管理→覆土(仅覆土栽培有此环节)→催蕾→出菇管理→采收

三、技术要点

1. 栽培季节 杏鲍菇适宜的出菇温度范围较窄,气温低于8℃或高于20℃都难于出菇,最佳的出菇温度为12℃～18℃。因此,各地应根据杏鲍菇出菇期间对温度的要求,合理地安排好栽培季节。在自然条件下,一般是以当地气温降至18℃的日期,提前50天制栽培菌袋为宜。我国地域广阔,气候千差万别,各地应因地制宜,确定本地区的最佳播种期。工厂化栽培的菇房气温可自行调节,出菇不受气候限制,一年四季均可生产,经济效益很高,是杏鲍菇未来生产的发展方向。

2. 塑料袋的选择 栽培时,一般选用高密度低压聚乙烯或聚丙烯塑料筒料或折角袋,厚度为0.03～0.04厘米,要求韧性好,厚度均匀,无砂眼,并根据不同的出菇方式,选择不同规格的袋子:①15厘米×30厘米或17厘米×33厘米的折角袋(直立式一头出菇)。②(12～15)厘米×55厘米筒袋(横卧接种穴出菇或畦式覆土出菇)。③7厘米×38厘米或20厘米×40厘米或22厘米×42厘米筒袋(均可采用墙式堆码两头出菇、畦式或垒墙式覆土出菇)。

3. 培养料准备 根据高产优质和采购方便的原则,可选用棉籽壳、杂木屑、玉米芯、蔗渣、豆秸、花生壳等作为碳源;选用玉米芯、麸皮、米糠、黄豆粉等作为氮源。无论碳源或氮源,配制时应尽量采用2种以上原料,原料颗粒的大小也以粗细搭配为宜。除碳、氮源外,还应准备少量的石膏、石灰、磷酸二氢钾或白糖等。各种原料都要求新鲜、干燥,无霉变。

(1)常用配方

配方一:棉籽壳60%,杂木屑20%,麸皮10%,玉米粉8%,磷酸二氢钾0.2%，石膏1%，石灰0.8%。

配方二：杂木屑73%，麸皮20%，玉米粉5%，石膏1%，糖1%。

配方三：棉籽壳78%，麸皮15%，玉米粉5%，石膏1%，石灰1%。

配方四：玉米芯50%，棉籽壳30%，麸皮15%，玉米粉3%，石膏1%，石灰1%。

配方五：杂木屑38%，棉籽壳20%，豆秸粉20%，麸皮20%，石膏1%，石灰1%。

(2)培养料的配制　上述配方中，杂木屑、玉米芯最好为绿豆状颗粒，过粗或过细都不利于杏鲍菇菌丝的生长。将各种原料分别称重，先干拌均匀，再加水充分混合。将磷酸二氢钾、糖等溶解于水后拌入料中。若杂木屑、玉米芯等料颗粒较大，必须事先预湿堆闷，使其充分吸足水分后再与其他料混合。亦可将粗料先进行发酵处理，再装袋灭菌。这样有利于菌丝分解，也可减少杂菌污染。

石灰的添加与否应视栽培季节和制袋规模灵活掌握。高温季节，制袋规模大，杂菌多，灭菌时间长，应添加石灰提高pH值。气温低，制袋规模小，杂菌少，灭菌时间短，可不加石灰，增加石膏的用量即可。在气温低时添加糖，有利于菌种定植和早期发菌，高温季节不宜加入，否则会增加杂菌的感染率。在不影响培养料透气性的前提下，尽量加大培养料的含水量，一般控制在62%～68%。

4. 装袋灭菌　装袋应边装边压，松紧适度，四周袋壁应尽量压紧，减少出菇时在袋壁空隙处形成原基。袋中打洞以利透气，料袋以扎绳、套环加盖棉塞或用无棉盖封口均可，长袋一般外套薄膜外袋作封口材料。装袋完毕后应及时灭菌。从拌料至装锅灭菌的时间，一般不应超过6小时。装锅后应在2小时内使锅内温度升至60℃以上，4小时内达到100℃。这样可避免培养料在装袋或灭菌过程中因料内微生物大量繁殖而出现酸败现象。在 0.147 兆帕，126℃的条件下灭菌 2 小时，或常压下 100℃保持 10～12 小时。

灭菌结束后，将料袋置于洁净处冷却。在装袋灭菌冷却的全过程中，料袋最好盛放在周转筐内，这样可减少搬动，降低污染率。

5. 接种　料袋温度冷却至 28℃以下时，即可置于接种箱或接种室内接种。常规方法消毒，严格按无菌操作接种，直立出菇一头接种，墙式出菇两头接种，细棒长袋横卧出菇于袋身同侧打 3 眼接种。

6. 发菌管理　接种完毕后，及时搬入已事先清扫消毒的培养室内发菌。发菌期间的主要工作是控温、降湿、通风、遮光、翻堆和清除杂菌。培养室气温应控制在 20℃～26℃，初期气温以 25℃左右为宜。菌袋中的料温上升后，室温应调低至 22℃左右为好。整个发菌阶段，料温都不要超过 28℃。料温过高，轻则产生热害阻碍发菌，影响后期产量；重则烧菌，导致栽培失败。

发菌阶段，培养室应遮光，保持黑暗，空气相对湿度控制在 70%以内，经常通风换气，保持空气新鲜。每隔 10 天左右翻堆 1 次，使菌袋发菌均匀，同时拣出污染菌袋。为加快菌丝生长，扎绳封口的菌袋应在菌丝封面并吃料 2～3 厘米后扎眼透气。气温较高时，应注意防虫。在适宜的环境条件下，菌丝一般经 40 天左右可长满菌袋。

7. 催蕾　菌丝长满袋后，继续培养 10 天左右，让其进一步成熟，积累更多的养分。当气温下降至 10℃～18℃时，就可进行催蕾管理。杏鲍菇不搔菌也能出菇。为了使其出菇整齐一致，可先进行搔菌处理。具体做法是：用小勺刮去袋口表层老菌种，并使袋口料面变平。搔菌时间一般在菌丝满袋后即可进行，因搔菌后还需要 10 天左右的菌丝恢复时间，菌袋在此期间可进一步成熟。如果袋口或菌袋中部已有原基形成，则不再进行搔菌，可以直接进入出菇管理。搔菌后要进行保湿管理，用塑膜将袋口覆盖，或用纸将套环口封住。约过10天，当料面重新长出新的白色气生菌丝时，即可喷水增湿催蕾。催蕾期间温度控制在10℃～18℃，低于8℃或高于20℃都难于形成原基，最佳催蕾温度为10℃～15℃。催蕾期间，空气相对湿度应保持在90%～95%，增加散射光刺激，加强通风，保持空气新鲜。经过3～6天，即可出现白色原基，原基进一步分化形成菇蕾。

8. 出菇管理 出菇阶段，必须注意温度、湿度、光照和通风的调控，才能获得高产。

(1)温度调控 温度应保持在8℃～20℃范围内，最好控制在15℃～18℃，在该温度条件下，子实体生长发育正常健壮。温度低于6℃～7℃时，子实体生长几乎停止。当长期处于菇体发育所需温度的下限8℃左右时，子实体的菌盖表面多有瘤状物出现，商品性大受影响。当温度超过22℃，已形成的小菇蕾会萎缩死亡。不同生态型的杏鲍菇品种，对温度的适应性也有所不同，实际栽培时应区别品种具体对待。

(2)湿度调节 水分与湿度管理对子实体的分化和发育非常重要。初期空气相对湿度要保持在90%左右。当菌盖直径长至2～3厘米后，可适当调低，控制在85%～90%，有利于防止病虫害的发生。当气温高，空气相对湿度低于80%时，应适当喷水降温、增湿，但主要用轻喷、勤喷的办法往地面和空间喷水。注意尽量不要把水喷到菇体上，以免引起子实体黄化萎缩，严重时感染细菌而腐烂死亡，影响子实体的产量和质量。

(3)光照调节 子实体发生和发育阶段均需散射光，光照强度以500～1 000勒为宜。光照过弱，易形成无头菇；光照过强，子实体易失水干燥，颜色不白，商品性下降。

(4)空气调节 子实体发育阶段要求加大通风量，始终保持菇房内空气新鲜。当室温偏高(18℃以上)，湿度偏大时，更要注意加强通风，避免高温、高湿引起子实体腐烂和病虫害危害。通风应与控温调湿统一管理，做到既能通风良好，又能保持良好的温度、湿度环境。

9. 采收与转潮管理　当菌盖平展，孢子尚未弹射，菌盖直径与菌柄一致或稍小于菌柄时，就要及时采收。第一潮菇采收后，应及时清理料面，停水养菌4～5天，再调节好菇房的温、湿度和通风等条件。相隔14天左右，还可采收第二潮菇。杏鲍菇的产量主要集中在第一潮菇，占总产量的70%以上，第二潮菇朵型小，菌柄短，产量低。故工厂化栽培只采收1潮菇。管理得当，杏鲍菇袋栽的总生物效率可达50%～60%。如将采收一潮菇的菌袋再脱袋覆土栽培，可明显提高2潮菇的产量。

10. 覆土栽培　除了上述常规栽培方式外，杏鲍菇还可采用覆土栽培。

(1)*覆土栽培的季节*　由于杏鲍菇菌丝抗杂菌能力较弱，长满料袋后也易被木霉等杂菌感染，因此掌握好季节是覆土栽培成功的关键。根据杏鲍菇出菇对温度的要求和木霉等杂菌活动的特点，杏鲍菇脱袋覆土出菇应在气温低于15℃时进行，当气温高于18℃时，不宜进行脱袋覆土栽培，否则菌袋会被杂菌污染而腐烂。

(2)*覆土材料的选择与处理*　菜园土、田土、塘河泥等均可用作覆土材料。覆土材料要求透气性和保水性好，土质疏松，吸水不板结，无病虫杂菌污染。土粒直径一般以0.5～1厘米为宜，含水量为20%～22%，即手握成团，掷地能散。先用2%甲醛和0.1%敌敌畏对覆土材料进行消毒杀虫，要求边喷边拌，然后用薄膜覆盖密闭处理24～48小时，最后按2%的比例添加石灰拌匀备用。

(3)*菌墙的垒砌*　挑选生理成熟的菌袋，将菌袋一端的塑料筒膜去掉，露出一半菌柱，另一端袋口先不打开。菌袋按两列平行排放，去膜一端朝里，未去膜一端朝外，最底层的两排菌袋之间相距应达40厘米以上，最上层间距为10厘米。两排菌袋间空隙处填满已消毒处理的湿壤土。每层菌袋上面覆盖2厘米厚的湿壤土，一层菌袋一层湿土，每垒一层，两排菌袋的间距收缩一部分，最后垒砌成梯形菌墙。为防止高温烧菌，一般垒 4～5 层，最后在菌墙顶部建 1 个深 5～10 厘米的水槽。在菌墙的两侧用湿土填满菌袋肩部缝隙，只露出少许袋口用于出菇。菌墙与菌墙之间留 60 厘米作为通道，以便管理。

(4)出菇管理　菌墙垒砌完毕后，主要是进行保湿和控温管理，诱导原基发生和促进菇蕾形成。温度要控制在 10℃～18℃，避免超过 20℃，以免高温烧堆。湿度管理以保持土壤湿润为主，当土壤发白干燥时，及时喷水保湿。当袋口形成 2～3 厘米的菇蕾时，应及时开袋出菇，后期管理方法同上述覆土袋式栽培。除喷水保湿外，垒墙覆土栽培还可通过往菌墙顶部水槽里浇水，来达到保湿和补充菌袋水分的目的，这对第二潮或第三潮出菇尤显重要，也是不覆土栽培所无法比拟的。顶部浇水应少量多次，2 天内完成。每采完一潮菇后，应停水 7 天左右，让菌丝进行恢复，然后再浇大水保湿，浇水量以不外溢不渗为度。

(5)采收　覆土栽培的采收标准与袋栽相似。需要注意的是，覆土栽培所产子实体基部有时会带有少量泥土，采收时应及时将其去除。管理得当，覆土栽培的生物学效率可达 100％。

思考题

1. 杏鲍菇出菇需要什么样的环境条件？
2. 杏鲍菇普通袋式栽培与垒墙覆土栽培有哪些异同点？
3. 如何提高杏鲍菇的质量和产量？
4. 与普通平菇相比较，杏鲍菇有什么特点？

第九章　白灵菇园艺工基本技能

一、概　述

白灵菇是白灵侧耳(*Pleurotus nebrodensis*)的商品名称，是南欧、北非、中亚内陆地区春末夏初发生的品质极为优良的一种大型肉质伞菌。在我国，白灵菇主要分布在新疆的伊犁、塔城、阿勒泰、木垒等地，腐生或兼性寄生于伞形科草本植物阿魏等的根茎上，民间习称阿魏蘑。因其色白如雪，形似灵芝，当地群众又称之为“西天白灵芝”、“天山神菇”。

(一)形态特征

1. 菌丝体　分单核菌丝和双核菌丝。单核菌丝较细，可亲和的单核菌丝相互结合形成双核菌丝。双核菌丝较粗，有分枝，锁状联合结构明显。在平板上培养时，菌丝多呈匍匐状贴伏于培养基表面生长，气生菌丝少，菌落舒展，均匀，稀疏。菌丝体浅白色。正常温度下，12 天左右可长满 PDA 试管斜面。生长速度比平菇菌丝慢。

2. 子实体　子实体单生、群生或近丛生，一般较大，菌盖直径 5～15 厘米，初期近扁球形，很快扁平，基部渐下凹或平展，无后檐或稀有后檐；纯白色，中央厚，边缘薄，表面平滑，干燥时易形成裂纹。菌肉白色细嫩，不变色，厚。菌褶白色，后期带粉黄色，延生，长短不一。菌柄长 3～8 厘米，粗 2～3 厘米，侧生，稀偏生，罕中生，上粗下细或上下等粗，白色，中实，质较嫩脆。孢子印白色。孢子无色，光滑，含油滴，长方椭圆形或椭圆形，(4.8～6)微米×

(10.8～14)微米。

(二)生活史

白灵菇是一种异宗结合的四极性真菌。其生活史与平菇的生活史相似。

(三)生长发育条件

1. 营养　白灵菇是兼具弱寄生性的腐生菌类，在自然界生长在伞形科植物阿魏、刺芹、拉瑟草等的根茎上。人工栽培可利用的碳源主要有棉籽壳、玉米芯、木屑、甘蔗渣和稻草等，能够较好利用的氮源主要有麦麸、米糠或玉米粉等。此外，还需添加石膏粉、碳酸钙、过磷酸钙和酵母片等作为对无机盐和维生素的补充。

2. 温度　白灵菇是典型的中低温型变温结实性食用菌。菌丝生长的温度范围为5℃～32℃，适宜温度为20℃～27℃，最适温度为24℃～26℃。35℃～36℃时菌丝停止生长，20℃以下时生长速度明显下降，5℃以下基本停止生长。子实体分化发育的温度范围是5℃～22℃。子实体的形成需要低温刺激，菇蕾分化温度为0℃～13℃，子实体发育以15℃～18℃最适，但在8℃～13℃的气温下，子实体生长慢，质地紧密。口感滑嫩，品质佳。出菇期间气温如超过20℃，子实体开伞快，菇体发黄，组织疏松，口感下降。

3. 水分和空气相对湿度　栽培白灵菇的培养料含水量以60%～65%为宜。菌丝生长阶段，空气相对湿度应控制在70%左右，过高容易孳生杂菌。原基分化阶段，空气相对湿度应提高至90%～95%；子实体发育期间，空气相对湿度以85%～90%为宜。高湿易烂菇，反之菌盖龟裂，降低商品率。

4. 光照　菌丝生长阶段不需要光照。光照过强会抑制菌丝的生长，发菌期间见光过多，还易在培养基表面形成菌皮，不仅消耗营养，而且影响出菇。但白灵菇子实体的分化和发育阶段需要

200～500 勒散射光刺激。黑暗条件下，原基难以形成。光照不足，易形成盖小柄长的畸形菇。

5. 空气　白灵菇是好气性真菌，菌丝和子实体生长都要求有新鲜的空气。特别是子实体形成和发育阶段，通风量要大。氧气不足，子实体难以形成，已形成的子实体会变得柄长盖小，甚至不长菌盖，形成拳头状或柱状的畸形菇。

6. 酸碱度　自然生长的白灵菇，其土壤 pH 值为 7.85 左右。研究表明，白灵菇的菌丝可在 pH 值 5～11 的基质上生长，但最适 pH 值为 5.5～6.5。考虑到灭菌和菌丝生长都会使 pH 值下降，因此在配制培养基时，一般将 pH 值调至 7～8。

二、工艺流程

白灵菇栽培的工艺流程为：

原料准备→培养料配制→发酵→装袋灭菌→接种→发菌管理→脱袋覆土(覆土栽培)→催蕾→出菇管理→采收

三、技术要点

(一)栽培季节

在自然气候条件下栽培白灵菇，季节的选择很关键。白灵菇从接种至采收，一般需要 3～4 个月。为此，应以最适白灵菇出菇的自然季节为准前推 3～4 个月，并在旬最高气温不超过 30℃时，为最适接种期。我国的自然气候条件栽培，一般选在 8～9 月份接种，11 月份至翌年 4 月份出菇。各地气候条件不同，应因地制宜选择本地的最佳接种期。

(二)原料准备

1. 塑料袋的选择与制作 生产中一般选用高密度低压聚乙烯或聚丙烯筒料,厚度为0.03～0.04厘米,折宽为15～17厘米,长度应根据需要裁成33～38厘米。要求筒料宽窄均匀,厚薄一致,无砂眼。一端距袋1.5厘米处用绳子扎成活结,以扎紧不漏气为准。如为直立一头出菇,宜选用15厘米×30厘米或17厘米×35厘米折角袋为好。

2. 培养料准备 培养料必须具备营养性、透气性和持水性。要求新鲜未霉变和不含任何有害物质。棉籽壳、木屑、玉米芯等都是栽培白灵菇较好的主料,其中以棉籽壳为最优。麸皮、玉米粉、米糠等是很好的辅料。此外,需准备一定量的糖、石膏、石灰和碳酸钙等。

3. 培养料配制与发酵

(1)常用配方

配方一:棉籽壳40%,杂木屑40%,麸皮10%,玉米粉8%,石膏1%,石灰1%。

配方二:棉籽壳83%,麸皮15%,石灰1%,石膏1%。

配方三:棉籽壳40%,玉米芯40%,麸皮18%,石膏1%,石灰1%。

配方四:杂木屑78%,麸皮20%,红糖1%,碳酸钙1%。

配方五:棉籽壳40%,玉米芯20%,木屑20%,麸皮8%,玉米粉5%,豆饼粉2%,石灰2%,石膏1%,过磷酸钙1%,糖1%。

(2)拌料与发酵 按常规方法拌料。玉米芯等粗料应事先预湿后再与其他料混合。气温高时制袋,为减少杂菌污染,可将上述配方中的糖换成石灰,含水量调至60%～62%。气温低时制袋,适量加糖有利于菌种的定植。同时可将含水量提高至62%～64%,以加快菌丝生长。

按照培养料的不同处理方法,白灵菇生产方式可分为熟料栽培和发酵熟料栽培两种。试验证明，栽培白灵菇，培养料先堆积发酵再灭菌（即发酵熟料）比未发酵直接灭菌（即熟料）可提早现蕾和增加产量（表 9-1）。

表 9-1　发酵熟料与熟料栽培白灵菇现蕾与出菇情况

（王尚荣，2003）

处　理	现蕾天数	产量（千克/袋）	生物转化率（%）
发酵熟料	46	0.358	71.6
熟　料	62	0.276	55.2

注：1. 每袋装干料 0.5 千克；2. 表内数据分别取 3 组参试菌袋的平均值。

白灵菇发酵熟料的制备程序，与平菇、杏鲍菇发酵熟料的制备基本相似。所不同的是白灵菇为高氮配方，为不让氮素营养过多消耗，一般在倒数第二次或最后一次翻堆时加入氮源辅料为宜。

（三）料袋制作

1. 装袋灭菌　装袋前，应将达到要求的发酵料散堆拌匀，并调整 pH 值至 7.5～8，含水量为 58%～62%，及时装袋灭菌。

2. 冷却与接种　白灵菇料袋制作一般在高温季节，将已经灭菌的料袋冷却到 28℃以下需要经过十几个小时。在这段时间内应尽量减少环境杂菌污染料袋。成功的经验：一是使用专门的冷却室，冷却室提前清扫消毒；二是用大布袋或编织袋分装料袋灭菌，灭菌后整体冷却，可有效减少环境中杂菌飘落料袋外表所引起的污染。由于白灵菇菌丝抗杂菌能力较弱，配料中氮素营养又很丰富，因此接种应严格按照无菌操作的要求，在接种箱、接种室或接种帐内进行。白灵菇的接种量以偏多为宜，以便提前封面，减少菌袋的污染。

（四）发菌管理

1. 温、湿度管理　发菌期间，培养室的温度应控制在 20℃～

26℃。发菌初期温度可略高(24℃～26℃)，以利于菌种定植萌发。当菌丝封面后，可将室温降至 20℃～23℃，以菌温不高于 28℃为宜。发菌期间，将培养室的空气相对湿度控制在 60%～75%，避光培养菌袋。经常通风换气，保持培养室空气新鲜。一般 10 天左右翻堆 1 次，使菌袋发菌均匀，同时拣出污染菌袋。正常条件下，白灵菇菌丝一般 40～50 天可长满菌袋。

2. 后熟培养 与其他大多数食用菌不同的是，白灵菇菌丝长满基质后，不会立即出菇，而需要一段较长时间的生理后熟期。后熟期的长短，与品种的种性有关，同时也与发菌期温度的高低有关。菌丝后熟培养非常重要，只有当料内菌丝达到生理成熟后，白灵菇才能正常出菇。后熟期应将温度控制在 18℃～25℃，空气相对湿度保持在 70%，适当给予少量的散射光，在此条件下继续培养 35～40 天，菌袋即可达到生理成熟。外界气温适宜时，将达到生理成熟的菌袋，搬入塑料大棚或日光温室或专用菇房内顺码成墙式两面或竖放一面催蕾出菇。

(五)菌袋墙式栽培催蕾与出菇管理

1. 催蕾 白灵菇菌丝达到生理成熟后，给予适当的刺激，不仅可加快原基形成，而且能使大部分菌袋现蕾一致。这种人为刺激称为催蕾。

(1)催蕾的条件　菌袋已达生理成熟，表层菌丝色泽浓白，手触有坚实感，拍打发出类似空心木的声响。外界环境条件适合白灵菇原基的分化形成，一般日最高气温为 15℃～22℃，最低气温为 5℃～10℃的季节最适合。

(2)催蕾的措施

①搔菌：解开袋口，用小铁耙扒掉原菌种块及周围 2 厘米范围的老化菌皮，其他部位不要搔动。搔菌有利于原基早现，出菇点定位于中央。搔菌面不能过大，否则现蕾数目多，需要疏蕾，且消耗

养分。搔菌后，将袋口向外拉一下，重新扎好，扎口不要太紧，使里面形成一个既保湿又通风的小空间，以利于原基形成。

②低温和温差刺激：菌袋生理成熟后，还需在0℃～13℃的低温条件下刺激8～10天，在此期间连续进行5～7天、10℃以上的昼夜温差刺激，迫使原基分化和菇蕾发生。

③增大湿度：空气相对湿度提高至85%～95%。

④加大光照：光照强度在500勒以上。

⑤加强通风：保持菇房空气新鲜，氧气充足。

在上述措施的综合作用下，一般搔菌10～15天即可在料面上形成肉眼可见的白色粒状原基。

2. 出菇管理

(1)幼蕾期的管理　原基出现后，将扎绳解掉，拉一拉袋口，但不使袋口散开，俗称“松口”。原基长至蚕豆大小时，散开塑料袋袋口，使袋口形成圆筒状(散口)；此时如发现幼蕾较多，应进行疏蕾，每袋留1个健壮的小蕾。当幼蕾长至乒乓球大小时，及时将袋口挽起(挽口)，露出幼蕾。在整个幼蕾期，温度应控制低一些，以8℃～12℃为好，空气相对湿度为85%～95%，空气新鲜，氧气充足，光照500勒。

(2)子实体发育期的管理

①温度：此阶段气温应控制在5℃～20℃，低于5℃生长停止，高于20℃子实体易发黄腐烂。适宜于子实体发育温度是8℃～15℃，低于8℃菌柄粗长，高于15℃菌盖易反卷。最适于形成盖大柄小优质菇的温度是12℃～13℃。子实体发育期间，注意预防低温冻害。

②空气相对湿度：在子实体发育期间，空气相对湿度应保持85%～90%。低于70%时，菌盖易干燥龟裂；高于95%，易缺氧，造成子实体腐烂。湿度低时应通过往地面或空气中喷水来调节，一般不宜直接喷水，以免引起子实体发黄萎烂。湿度过高时，应加

强通风，降低湿度。

③光照：子实体生长发育需要一定的散射光，以500～600勒为适。生产中可通过加大棚顶草帘间隔，创造花花阳光照菇房（棚）的环境。

④空气：当棚内二氧化碳浓度过高时，会形成柄粗长，菌盖小的长柄菇。因此经常通风换气，保持空气新鲜，对子实体的正常发育极其重要。但通风要与控温、保湿相结合。

总之，调控好温、湿、光、气四大环境因素，是夺取白灵菇栽培优质高产的关键。管理中应综合考虑，统筹兼顾。

（六）覆土栽培的催蕾与出菇管理

覆土栽培是指将已长好菌丝并生理成熟后的菌袋部分或全部去除外层塑料袋，然后用泥土（或营养土）将其部分或全部覆盖后再出菇的栽培方法，可分为畦式覆土和垒墙覆土2种。下面以单排菌袋中间环切墙式覆土栽培为例，介绍白灵菇覆土栽培的技术要点。

1. 菌袋的制备 按袋栽法制作菌袋，当菌袋达到生理成熟后，给予低温刺激、一定光照和温差刺激，加大湿度，促进菌丝扭结和原基分化。

2. 覆土的选择和处理 覆土材料以河（塘）泥和田园土均可。土壤要求：富含有机质，疏松通气，含水量为20%左右。每1 000个菌袋需备土1.5立方米左右。将覆土材料适当晒干，打碎，过筛，加入适量石灰，将pH值调至8～9。覆土之前加水和成稠泥备用。

3. 脱袋覆土 采用垒墙式覆土，菌墙由菌袋和肥土（或营养土）交替垒砌而成。将菌袋中间塑料膜环割剥除6～7厘米垒砌而成。在垒砌菌墙时，最下层要筑20厘米高的土埂，然后砌一层菌袋，上铺一层肥土，袋间留2～3厘米空隙，肥土层厚2～4厘米。

按此方法，共垒 6～8 层，墙顶部的覆土厚 8～10 厘米，做成水槽式浅沟，用于补充水分和营养液。用自行车辐条或 8 号铁丝，从水槽中心位和菌袋相对应的部位，向下刺注水孔，孔深刺至最下层菌袋的一半，最好在每个菌袋环切部位刺 1～2 个注水孔。

4. 出菇管理　菌墙垒成后，在墙顶槽中灌水，让其自然渗透，以保持覆土湿润而无渗漏为度，加强通风，增加光照。菇蕾形成后，以向空中喷雾保持环境湿度为主。采第一潮菇后，干燥 20～30 天，再追施肥液，其余管理按常规。一般可采 2 潮菇，产量显著增加。

(七)采　收

白灵菇从现蕾至采收需 10～15 天。应在菌盖内卷边缘圆整且未散射孢子时采收。采收时用手指捏住菌柄，轻轻旋下即可。鲜销的白灵菇以盖大柄小，每个 150 克左右最受市场欢迎。白灵菇生长周期较长，产量较低，一般采一潮菇的生长周期要 120～170 天，生物学效率为 30％～40％。进行菌袋墙式栽培时，如采收后采取覆土栽培，部分菌袋还能出第二潮菇。

思考题

1. 白灵菇菌丝的生长有何特点？
2. 白灵菇子实体的形成需要哪些条件？
3. 生产中如何提高白灵菇的质量和产量？
4. 为什么将白灵菇称为“平菇王”，它的优点是什么？

第十章　金针菇园艺工基本技能

一、概　述

金针菇的分类地位隶属于伞菌目(Agaricales),口蘑科(Tricholomataceae),小火焰菌属(Flammulina)或金钱菌属(Collybia)。金针菇亦称毛柄金钱菌、构菌、朴菇、冬菇等。金针菇的菌柄脆嫩,菇盖滑爽,口味鲜美,是一种美味食品,又是很好的保健食品。

(一)形态特征

金针菇子实体丛生,菌盖幼小时球形至半球形,逐渐展开后呈扁平形,表面有胶质,湿时黏滑,干燥时有光泽。金针菇按子实体的色泽可分为黄色品系、浅黄色和白色品系。黄色品系菌盖金黄色,菌柄基部茶褐色,绒毛多,子实体见光易变色;浅黄色品系菌盖淡黄色,菌柄白色或基部略带淡黄色,绒毛少或无。自然条件下菌盖直径 2～10 毫米。菌肉白色,中央厚,边缘薄。菌柄圆柱形,中空,自然条件下长 5～8 厘米,直径 0.5～0.8 厘米。人工栽培的金针菇菌柄细长,直径 0.3～0.4 厘米,长 13～20 厘米,绒毛少或无。担孢子在显微镜下无色,椭圆形或卵形,(3～4)微米×(5～7)微米,孢子印白色。

(二)生活史

金针菇属四极性的异宗结合菌,其生活史分为有性世代和无性世代。有性世代产生担孢子,成熟的子实体在菌褶子实层上形成无数的担子，每个担子上产生 4 个担孢子，担孢子萌发产生芽管，芽管不断分枝，伸长形成一根根菌丝。此时，每个细胞中仅 1 个细胞核，这种菌丝称为单核菌丝。不同极性的单核菌丝结合，质配后形成有 2 个细胞核的双核菌丝，这种菌丝比单核菌丝粗壮，生活力强，生长速度快。经过营养生长之后，积累了养料达到生理成熟，菌丝会扭结形成原基（即菇蕾），生长成子实体。子实体成熟，在菌褶上产生担子，担子上又产生 4 个担孢子，如此循环往复的过程，就是金针菇的生活史（图 10-1）。

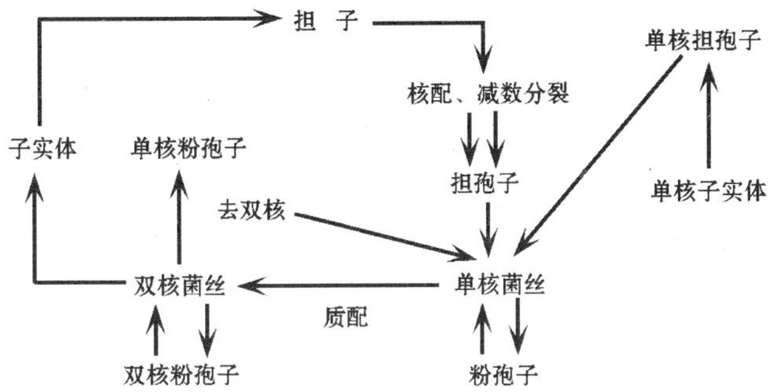

图 10-1　金针菇的生活史

（三）生长发育条件

1. 营养　金针菇生长发育所需要的营养物质有碳源、氮源、无机盐和生长素 4 大类。

2. 温度　金针菇属于低温结实性菇类。金针菇的孢子在 15℃～25℃时大量形成并萌发成菌丝，但以 24℃最为适宜。金针菇的菌丝在 5℃～34℃范围内均能生长，但以 20℃～22℃为宜。试验证明，金针菇菌丝耐低温能力强，在－21℃经 138 天后仍能存活，但金针菇菌丝耐高温能力弱，在 32℃时菌丝虽能萌动，但不吃料，35℃时菌丝死亡。金针菇子实体形成所需温度为 5℃～21℃，子实体生长的适宜温度为5℃～12℃，在5℃～9℃温度下子实体生长健壮，出菇整齐，质量最佳。

3. 水分和空气相对湿度 水分和湿度是金针菇菌丝和子实体生长不可缺少的条件，一切营养物质必须溶于水中才能通过原生质膜渗透到细胞内。菌丝生长阶段，培养基含水量以63%～65%为宜，含水量过高，培养基内通气性差，菌丝生长缓慢、细弱。菌丝生长阶段，空气相对湿度以65%～70%为宜。金针菇子实体生长阶段要求较高的空气相对湿度，菇房的空气相对湿度应控制在85%～99%，生产者需根据金针菇子实体不同生长发育阶段的特点，调控菇房的空气相对湿度，如催蕾期，保持较高的菇房空气相对湿度有利于原基分化，而子实体伸长期菇房空气相对湿度过高，会造成水菇，降低产品的商品价值。

4. 光照 金针菇菌丝生长不需要光照。金针菇原基形成和子实体生长阶段菇房需要弱光。有试验证明，在弱光下原基形成的数目要比在全部黑暗条件下多，但是光线太强子实体的颜色变深，菌盖容易开伞，菌柄短且基部绒毛多。因此，采用光抑制(光照)是生产优质白色金针菇的措施之一。

5. 氧气 金针菇属于好气性菌类，在生长发育的各个阶段必须有足够的氧气供给才能正常生长。菌丝生长期要注意培养室的通风换气；培养架上的菌袋(瓶)要经常调换位置或菌袋(瓶)之间留有一定的间距，以保持空气流通、新鲜，使菌丝生长健壮。

6. 酸碱度 金针菇菌丝在pH值4～8能生长，但在pH值6左右的酸性和中性培养基上生长最好。

二、工艺流程

金针菇既可以利用自然条件进行季节性袋式栽培，也可以利用人工气候进行工厂化生产。

(一)金针菇栽培的工艺流程

培养料配制→装袋→灭菌→冷却→接种→发菌管理→搔菌→出菇管理→采收

(二)金针菇工厂化生产的工艺流程

原料配制→装瓶→灭菌→冷却→接种→发菌管理→出菇管理→采收→挖瓶→分级包装

三、技术要点

(一)季节性袋式栽培的技术要点

1. 栽培季节 根据金针菇低温出菇的特点,通常安排在秋末冬初栽培,使出菇时的温度在5℃～15℃。根据各地气候特点,我国南方冬季低温期短,金针菇生产一般安排在10月份至11月份接种发菌,12月份至翌年2月份出菇,通常,1年栽培1次。我国北方金针菇生产1年可安排2次栽培。第一次于9～10月份接种发菌,11～12月份出菇,第二次可于12月份或翌年1月份接种发菌,采用室内加温培养,只要温度保持在15℃左右,菌丝就能正常生长发育,于2～3月份,自然气温回升到10℃左右,即可适时出菇。

2. 培养料配制 金针菇属于木腐菌,传统的金针菇生产主要利用木屑作为栽培金针菇培养料,由于金针菇分解木材的能力比较弱,因此使用软质木屑栽培金针菇效果优于硬质木屑。但随着木材资源的匮乏,20世纪90年代开始寻找替代原料栽培金针菇,相继开发成功的替代原料有棉籽壳、甘蔗渣、甜菜渣、玉米秸、玉米芯、菌草等,生产者可根据当地的原料资源,选用栽培原料及配方。

以下是目前国内较常用的培养料配方。

配方一：棉籽壳 99%，石灰 1%。

配方二：杂木屑 34%，棉籽壳 34%，麸皮 25%，玉米粉 5%，碳酸钙 1%，糖 1%。

配方三：棉籽壳 78%，麸皮 20%，石膏 1%，糖 1%。

配方四：玉米芯 60%，棉籽壳 20%，麸皮 18%，石膏 1%，糖 1%。

配方五：甘蔗渣 68%，麸皮 25%，玉米粉 5%，碳酸钙 1%，糖 1%。

3. 装袋 金针菇常规栽培绝大多数采用聚丙烯或聚乙烯塑料袋栽培。常用的塑料袋规格为(17～20)厘米×(33～40)厘米。装袋可分手工和机器装袋，机器装料松紧度适中，不易刺破塑料袋，但目前绝大多数以手工装袋为主，由于不小心塑料袋容易刺破，影响成品率。33 厘米×17 厘米的塑料袋以每袋装 600～800 克为宜。装袋时，先把少量培养基装到袋中，用食指把袋的两个角压入袋内，并压紧培养料使之能直立站稳。在袋中间放入圆形木棒，然后再继续分层装料并用手指加以压实，这样做好的袋子在不受重压下，一般洞能保持完好。如果是装好后再用木棒在中间插洞，往往塞棉花时，洞口又被木屑塞住，影响菌丝生长速度。袋子全部装完后用干布把装好的袋子四周擦干净，套环，塞上棉塞或盖上盖子。

4. 灭菌 聚丙烯塑料袋用高压、常压蒸汽灭菌均可，而聚乙烯塑料袋只限于常压蒸汽灭菌。塑料袋不能像瓶子那样卧放，必须竖立排放。此外，采用高压蒸汽灭菌，特别要注意在排气时不应太急，让其慢慢降低压力，以防塑料袋膨胀爆破。灭菌后要小心搬运，避免刺破塑料袋。常压蒸汽灭菌在温度达到 100℃后，要保持 10～12 小时，以彻底杀灭料内杂菌。

5. 接种 接种要严格按照无菌操作规程进行。所用的菌种要严格挑拣，发现感染杂菌或已出菇的菌种不能用作原种。接种量以菌种覆盖料面及有少量菌种掉入接种孔为宜。

6. 发菌管理　栽培袋接种后要及时放置到培养室中进行发菌培养。栽培袋摆放时要留一定的空隙，或者在培养期间调换位置，保证发菌过程中热量的散发及新鲜空气的流通，培养期间控制料内温度不超过23℃，并保持温度的恒定，定期打开门窗进行通风换气，并保持空气相对湿度在65%～70%。金针菇发菌培养阶段不需光照。总之，发菌培养期间要创造适宜的环境条件，促使菌丝生长健壮，菌袋之间发菌均匀一致。通常，培养30～35天菌丝发满袋。

7. 出菇管理

(1) 催　蕾

①“再生法”出菇：将发满菌的金针菇栽培袋移至培养架的顶层或搬入栽培室，不必搔菌，可直接诱导原基分化。催蕾阶段，菇房温度最好能控制在13℃～14℃，给予弱光照和通风。当鱼子般菇蕾布满料面时，将棉塞、套环拔除，打开袋口，把塑料袋口向外折起卷至离料面2～3厘米处，袋口不能盖湿布或报纸，开袋后加强通风，使针尖菇逐渐失水枯萎变深黄色或浅褐色，然后再从干枯的菌柄上形成新的菇蕾丛。要注意这个阶段栽培房内的空气相对湿度不可太高，若超过90%，仅仅针尖菇的尖端部分萎缩，一旦停止吹风，又开始继续恢复生长，无法提高产量。原基枯萎的空气相对湿度以75%～80%为宜。同时要掌握好原基枯萎的程度，这是再生法成功与否的关键。适宜枯萎程度的简单判断方法是：菌柄没有完全发软，用手触摸菌柄，有轻微的硬实感即可。菇蕾枯萎后，将置于床架顶层的栽培袋搬回最底层床架，在底层的地面上洒水，利用底层、地面相对湿度较高的条件，让枯萎后的菌柄上再生出密集的菇蕾丛，或者在栽培袋上面覆盖上湿布，让栽培袋培养基表面菌柄与布块之间形成一个较高的空气相对湿度小气候，使接近枯

萎的菌柄吸湿恢复，利用菌柄具有再生侧枝能力的特性，诱导长出第二潮菇蕾。一般经过2天后，在栽培袋的原枯萎菌柄上又重新形成新的、整齐、密集的菇蕾。

②直接法出菇：将发满菌的金针菇栽培袋移至栽培室，打开袋口，进行搔菌，搔去老菌种块，并将料面搔平。接着在塑料袋口覆盖旧报纸、无纺布或塑料地膜，定期打开菇房门窗，给予弱光照和通风，每天往覆盖物上和菇房地上、四周喷水保湿。覆盖报纸、无纺布或塑料地膜。其作用有三：一是起保湿作用；二是增加二氧化碳浓度，抑制菌盖生长，促进菌柄伸长；三是防止在喷水时把水直接喷到袋内影响菇蕾的发生和使部分子实体发生腐烂。由于报纸易破，加之报纸油墨含铅，污染产品，影响产品的安全、卫生；塑料地膜透气性差；而无纺布既透气又保湿，所以使用无纺布覆盖效果最好。催蕾阶段，菇房温度最好能控制在13℃～14℃，湿度要达到85%～90%，经10～15天，料面形成密集的菇蕾。

(2)出菇管理　当子实体长到1厘米左右时，要适当降温、降湿和加强通风，使子实体受抑制，延缓生长，以利出菇整齐，成批采收。当环境温度偏高时，只好采取白天严闭门窗，夜间把南北门窗打开加强通风等办法，以减少白天高温的影响，并利用夜间的低温来降低室温；反之，当温度低时，应充分地利用白天高温来提高室温，夜间则要关闭门窗防止室温降至0℃。子实体伸长期将温度控制在8℃～14℃。温度过低，子实体生长缓慢；温度高于15℃，子实体生长不整齐，容易开伞。菇房每天要喷水保湿，使空气相对湿度保持在85%～90%。但是，遇到外界气温高时，菇房内的喷水量要减少，使湿度下降。因高温、高湿不仅导致病害的发生，而且会引起子实体生理障碍，造成菌柄开裂、扭曲，菌盖畸形和烂菇。干旱地区则要经常喷水，因为湿度不足，菇体发育也会受阻，质量下降，严重时会影响产量和质量。

(二)金针菇工厂化生产的技术要点

1. 设施与设备

(1)厂房设施　金针菇工厂化生产需要专用的生产厂房设施，常见的有砖木或钢结构聚氨酯保温板建成的保温、保湿的生产厂房。按照生产工艺，通常将生产厂房分隔为搅拌室、装瓶操作室、杀菌室、冷却室、培养室、搔菌室、生育室、包装室、挖瓶室、冷库等。每个功能室需严格按照工艺流程进行布局，布局方式因地制宜(图10-2)。

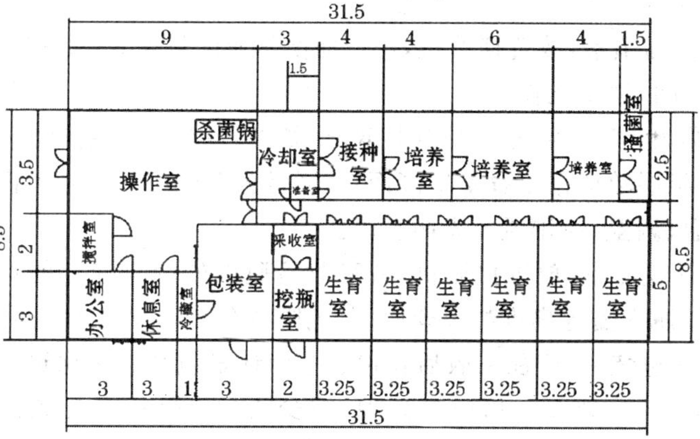

图 10-2　金针菇工厂化生产布局　(长度单位:米)

① 搅拌室:搅拌室主要用于放置搅拌机和送料带。因为培养料搅拌引起大量粉尘，所以需与其他房间隔离并安装除尘装置，避免污染环境。

② 装瓶操作室:装瓶操作室用于放置装瓶机、杀菌锅、手推车、栽培瓶，同时装瓶操作室是装瓶、杀菌的主要工作场所，要求有较宽敞的面积和良好的通风环境。

③ 冷却室:杀菌完毕后培养料在冷却室内冷却。冷却室需要

能制冷及空气洁净，所以要求房屋结构密闭性好，除安装制冷设备外，还要配置空气净化系统，室内安装紫外杀菌灯等。

④ 接种室：接种室是放置接种机，进行接种的场所。接种室要求室内空气洁净，接种时减少空气流动。所以，接种室地面做防尘处理，进风口安装空气净化系统，室内安装紫外灯、自净器等。

⑤ 培养室：接种完毕，菌种置于培养室内发菌培养。菌种培养期间不仅需要适宜的温度、氧气、湿度，而且菌丝生长伴以产生大量呼吸热及二氧化碳，所以培养室内需安装制冷设备、加湿器及通排风等调温、调湿及控制通排风设备。为避免污染，提高菌种成品率，进风口需安装空气净化系统。

⑥ 搔菌室：放置搔菌机，进行搔菌作业的场所，要求有一定的宽敞空间，便于操作。

⑦ 生育室：生育室是食用菌子实体形成、生长室，要搭置床架，床架层数依据生育室层高而定，通常为5～6层，生育室内需装备调温、调湿、通排风及光照装置。

⑧ 挖瓶室：放置挖瓶机，将采收后瓶内的废料挖出的作业场所。挖瓶室需远离堆物及仓库，避免废料存在的杂菌污染原材料。

⑨ 包装室：产品采收后在包装室内计量包装。为保证产品的洁净，包装室地面需做防尘处理，减少灰尘；同时，需配置降温设备，以保持产品包装时温度的恒定，避免高温影响产品质量。

⑩冷库：产品包装后置于冷库保藏，以延长产品的货架期，金针菇的保藏温度常控制在2℃～3℃。所以，冷库需配置相应的制冷设备。

（2）机械设备　工厂化生产各个工艺阶段需要不同的生产设备，而生产设备的配备根据生产规模而定。设备配备不足，将影响生产量，设备配备过剩，造成不必要的浪费。金针菇工厂化生产需配备的设备如下。

①搅拌机及送料带：搅拌机用于拌匀、拌湿培养料。食用菌培

养料搅拌常用搅拌机为低速内置螺旋形飞轮的专用搅拌机。因培养料搅拌的同时需加水，所以搅拌机上方需排布水管，水管上均匀排布出水孔，出水孔间隔 10 厘米左右。培养料均匀拌和至适宜含水量后由送料带将料送至装瓶机料斗。

②装瓶机：装瓶机将培养料均匀一致地装入塑料瓶内，并压实料面，打上接种孔，盖好瓶盖。有各种规格、性能的装瓶机。装瓶机有振动式及垂直柱式装料 2 种方式；有每次装 12 瓶及每次装 16 瓶装瓶机；装瓶速度从每小时装 3 500 瓶至每小时装 12 000 瓶不等。

③杀菌锅：杀菌锅有高压蒸汽杀菌锅及常压蒸汽杀菌锅，高压蒸汽杀菌锅具有杀菌彻底、杀菌时间短的特点，但是造价较高；常压蒸汽杀菌锅虽造价低廉，但灭菌时间长，部分耐高温的细菌难以彻底杀灭。工厂化生产大多选用高压蒸汽杀菌锅。

④自动接种机：灭菌结束培养料冷却后用自动接种机接种，接种机自动挖出菌种并定量地将菌种接入栽培瓶内。接种机每次接种 4～16 瓶，接种速度从每小时 6 000 瓶至 12 000 瓶不等。

⑤搔菌机：菌种生长完毕后，搔菌机自动去除瓶盖，搔去表面 2～5 厘米的老菌块及料面，然后向料面注水。搔菌机的刀刃有平搔、馒头形搔菌 2 种不同类型的刃刀，金针菇用平搔刃刀。现有各种规格、性能的搔菌机，搔菌速度从每小时搔 3 500 瓶至搔 12 000 瓶不等。

⑥加湿器：食用菌菌种培养及栽培出菇阶段需要室内有相应的湿度，所以培养室、生育室需要安装加湿器。因需雾化状水气加湿，故常用超声波加湿器。

⑦挖瓶机：采收完毕，挖瓶机自动将培养留料挖出。有各种规格、性能的挖瓶机，挖料速度从每小时挖 3 500 瓶至挖 10 000 瓶不等。

⑧包装机：根据产品包装要求，选择包装机型。有袋装包装

机，盒装包装机；真空及非真空包装机等。

⑨栽培容器：金针菇工厂化采用塑料瓶栽培。栽培容器常见有550～1100毫升的聚丙烯塑料瓶及每筐放12瓶或16瓶的塑料筐。

2. 技术要点

(1)培养料的配制

①培养料种类：目前，多种农业副产品如棉籽壳、玉米芯、甘蔗渣等被广泛用于金针菇工厂化生产，这些原料不仅来源广泛，营养丰富，而且价格低廉，资源再利用，保护生态环境。金针菇生产除需要碳源外还需要氮源，尤其是工厂化生产周期短、产量高，对氮源的要求更高，通常生产上用作栽培金针菇的氮源原料有米糠、麦麸、玉米粉、豆腐渣等。

② 培养料新鲜度及粗细度：金针菇工厂化生产培养料要求干燥、新鲜、无霉变、无虫害，培养料潮湿，易产生霉变，导致杀菌不彻底，影响成品率；另外，培养料霉变、酸败、变质、虫害亦会影响到营养成分，最终影响产量、质量。同时，工厂化生产培养料还要求达到一定的颗粒大小，粗细度均匀。颗粒太粗，装瓶后料内空隙大保水能力差，颗粒过细，则装料过于紧实，通气性差，发菌慢，且菌丝细弱。

③ 培养料配比：金针菇培养料的碳氮之比为(20～40)∶1，一般以30∶1为适宜。由于所用原料其营养成分种类及含量不尽相同，故工厂化生产中的原料配比不尽相同，应根据实际的用料情况而进行科学合理配比。日本金针菇工厂化生产培养料常用配方为：木屑68%，米糠16%，麦麸16%。

④培养料含水量：在工厂化生产中，金针菇培养料含水量为63%～65%。为确保生产中含水量的正确，通常在培养料配制过程中定时定量加水，并用红外线水分测定仪监测培养料的含水量。

⑤ 培养料酸碱度：金针菇喜偏酸环境，最适pH值为5.6～

6.5。由于培养料在灭菌后 pH 值有所下降，加上培养过程中，食用菌新陈代谢产生各种有机酸，也会使 pH 值降低。故在配制培养料时，应将 pH 值适当调高些。

(2)装瓶 培养料经搅拌机均匀混合，并加水调至适宜含水量。由于食用菌培养料中含米糠、麦麸等成分，拌料时温度高、时间长，培养料易发酵酸败，影响培养料营养及杀菌效果。装瓶由装瓶机组自动装料，装料松紧度均匀一致，装料高度以瓶肩至瓶口1/2 处为适宜，装料后料面压实并打接种孔，盖好瓶盖。

(3)灭菌与冷却 在食用菌工厂化生产中，常用高压蒸汽灭菌，杀死一切微生物，包括细菌的芽孢，真菌的孢子或休眠体等耐高温的个体。由于培养料是食用菌生长发育的营养基质，过高的温度及时间会破坏培养料的营养成分，所以高温、高压蒸汽灭菌的原则是杀灭一切微生物，同时尽量减少营养成分的损失。

灭菌结束后，培养料瓶从灭菌锅中搬出时料温度在 90°C 以上，需置于洁净的冷却室内冷却至 20°C 以下，冷却不够，接种后，菌种受热发生变异或生长发生障碍。据试验，冷却过程中，料温从100℃冷却至 20℃过程中，瓶内外空气交换体积约为 50%，料温从80℃开始冷却，瓶内外空气交换体积约为 30%。所以，冷却室要保证空气的绝对净化。

(4)人工接种 培养料温降至 20°C 以下后，料瓶搬入接种室，自动接种机接种。使用的种菌必须仔细检查有否杂菌污染及生长不良，确保所使用的种菌质量及种性稳定。种菌使用前清洗、消毒瓶外表面，然后无菌操作去除上表面及接种孔里的老菌块。接种人员更换清洗、消毒过的衣、帽、鞋，佩戴口罩，通过风淋进入接种室。接种前消毒接种机接触菌种的部件，保持接种室空气洁净。接种时定量，每瓶接 44～50 瓶，接种量过多，浪费菌种，并影响菌种瓶内的通风换气，接种量过少料面菌种封面慢，易引起污染。

(5)发菌管理 发菌过程中，由于菌丝生长进行呼吸并产生大量的二氧化碳及热量，需保持培养室内良好的通排风，所以培养室的菌种堆放形式、密度十分重要，比较合理的堆放密度每平方米为450～500瓶。堆放高度为12～15层，每区域留通风道。金针菇发菌适温20℃～22℃，由于发菌初期及后期菌丝生长呼吸所产生的热量较少，而发菌中期菌种生长旺盛，发热量大，故培养室温度设定分阶段性调整。另外，发菌过程中，菌丝呼吸产出热量导致料温较室温高3℃～4℃。发菌过程中培养室的空气相对湿度保持在60%～70%，发菌初期培养室空气相对湿度高，易引起杂菌孳生，并且菌种易产生气生菌丝，影响吃料速度，发菌中后期，随着菌丝呼吸旺盛，水分消耗增加，需相应提高空气相对湿度。金针菇发菌培养阶段不需要光照。菌丝生长呼吸产生大量二氧化碳，通风不良，二氧化碳浓度积聚，不仅造成菌丝生长障碍，而且容易使培养室杂菌孳生。发菌初期菌丝呼吸作用弱，通风换气次数及时间相对减少，而中后期，菌丝生长旺盛呼吸作用强，需适当增加通排风次数与时间，培养室的二氧化碳浓度保持在0.3%～0.4%。

(6)搔菌与补水　金针菇菌丝发满料后即可搔菌，即搔去老种菌，平整料面，补充水分，然后移入生育室出菇。搔菌过早，菌丝发育未成熟，原基形成期延长，分化原基少；搔菌过迟，营养消耗多且菌丝活性降低，原基形成少，产量低。掌握正确的搔菌时间有利于提高产量与质量。注水目的是为了补充料面水分，增加原基形成数量，但搔菌后菌丝受伤，抵抗力较弱，注水后易引起污染，注水操作时要保持水的洁净。

另外，搔菌前要清洁、消毒搔菌刃刀；其次，严格挑选，拣未受杂菌污染的菌种，以免搔菌刃刀带菌，造成交叉感染。

(7)出菇管理

① 催蕾期：催蕾期空气相对湿度及料面的含水量控制十分重要，通常生育室内用超声波加湿器产生雾状水进行加湿并控制在95%～99%，空气相对湿度过高菌丝徒长，原基分化少，空气相对

湿度过低，料面干燥菌丝恢复生长慢，原基分化缓慢而且原基数少，需根据具体的菌丝恢复生长情况及生育室保湿性能进行控制调节。

在催蕾阶段菌盖没有充分发育，菌柄细弱徒长的金针菇，进入抑制期吹风后，菌柄会变成褐色而枯死，即便从基部再长出分枝，也很弱，不能充分生长，且很快停止生长。为此，必须菌盖充分发育后才能进入抑制管理。

②抑制期：菇蕾发生后，由于个体发育的强弱有差异，因此分枝有先后，大小不一，影响整齐度。所以，当菇蕾出现 2～3 天，肉眼能见到菌柄长 3～5 毫米，菌盖 2 毫米大小时，把菌瓶移到抑制室采用低温、弱风、间歇式光照抑制措施，促进菇蕾长得整齐，粗壮。抑制室的温度调节在 3℃～5℃，以每秒 3～5 米弱风吹向菇体，利用金针菇对光敏感这一特性，也可采用光线抑制，在距离菇体 50～100 厘米处，用 200 勒光照间隙性照射，每天 2～3 小时。

金针菇的抑制期需 5～7 天，以菇蕾长至瓶口上方 1 厘米左右为宜。

③伸长期：伸长期的管理主要是促使子实体色泽、形态正常，生长整齐一致。当菇蕾长出瓶口 2 厘米左右，套纸筒。金针菇套纸筒有两个作用：其一，金针菇伸出瓶口之后，菇体易向外倾斜，套上纸筒可防止下垂散乱，使之成束生长整齐；其二，套上纸筒可减少氧气供应，增加二氧化碳浓度，抑制菌盖的伸展，促进菌柄伸长。

套筒可用各种材料做成，有蜡纸的、牛皮纸的、塑料的、无纺布的等，规格为高 12～13 厘米，呈喇叭形。不同的材料套筒由于通风换气性能有差异，效果也不相同。

(8)采收　当子实体生长发育至商品菇标准时应立即采收。采收过迟常产生菇盖开伞、菇柄纤维化等现象，虽产量高，但商品菇质量下降。采收太早产量低，且菇盖大小、菇柄长度等达不到标准，所以采收必须适时。金针菇的菇柄长 15 厘米，菇盖直径0.8～

1厘米为采收适期。采收时，一手握住菌瓶，一手轻轻把菇丛拔起，平齐地放入筐内，要防止装得过多，压碎菇盖及菇柄，影响质量。采收后的子实体按照等级标准进行分级，然后计量包装，供应市场。

工厂化生产为提高栽培房的利用率，增加生产潮次，常只采收1潮菇。

（9）挖瓶　采收结束后，菌瓶必须立即移入挖瓶室，由挖瓶机将废料挖出，菌瓶重复使用于生产。废料袋装化后送基质肥料加工厂制作成基质肥料或处理后用作菇类生产原料。

采收完毕后的生育室应彻底清扫干净，并用水冲洗床架、墙壁四周、地面等，保证生育室洁净。

（10）包装　工厂化生产以纯白的金针菇为主，以鲜菇的风味最佳，一般以鲜食为主。但因鲜菇保存时间短，影响商品质量，同时给出口带来困难。目前金针菇保鲜方法有保鲜薄膜包装、抽真空及抽气半真空包装几种方式，其中以抽气半真空包装，菇体变形小，保质期长，在2℃～3℃以下能保存20～25天，是目前最好的保鲜方法。

思考题

1. 简述金针菇的生活史。
2. 金针菇常规栽培如何进行出菇管理？
3. 试比较金针菇常规栽培和工厂化生产的异同点。
4. 金针菇工厂化生产需要哪些设备？
5. 简述金针菇工厂化生产的工艺流程。

第十一章　滑菇园艺工基本技能

一、概　述

滑菇在分类学地位上隶属于担子菌门，层菌纲，伞菌目(Agaricales)，球盖菇科(Strophariaceae)鳞伞属(*Pholiota*)，学名滑菇[*pholiota nameko* (Ito)Ito et Imai]，又名光帽鳞伞、光帽黄伞，俗称珍珠菇，商品名滑子蘑、滑子菇。

滑菇人工栽培始于日本，1921 年日本进行野生滑菇分离驯化栽培。1950 年进行规模化段木栽培，1961 年开始用木屑代料箱式栽培，而我国人工栽培滑菇最早始于台湾省，大陆 1977 年才开始进行大面积人工栽培，主要分布在辽宁、吉林、黑龙江、北京、山西等地。

(一)形态特征

1. 菌丝体　滑菇菌丝为绒毛状，初期为白色，随着生长而逐渐变为乳黄色。滑菇的菌丝生长主要是细胞伸长和细胞数增加。双核菌丝先端的细胞伸长到一定长度时，经锁状联合后又产生新的先端细胞，如此反复不断地增加细胞数。滑菇双核的气生菌丝，经扭结而组织化，形成近球形的原基，在条件适宜时发育成子实体。

2. 子实体　滑菇子实体小至中等大，菌盖直径 3～8 厘米，半球形至扁球形，表面黄褐色，很黏，菌肉淡黄色至黄色近表皮下带红褐色，菌褶较密，直生。菌柄长 2～8 厘米，近柱形或向下渐粗，纤维质，菌环以上为白色至浅黄色，菌环以下同盖色，近光滑、黏。内部实心至空心，菌环膜质，生柄上部，黏性易脱落，孢子印锈褐色，孢子宽椭圆形、卵圆形,光滑,浅黄色。褶缘囊状体近棒状、无色。

(二)生 活 史

滑菇属单因子控制,二极性异宗配合的担子菌,生活史较其他担子菌复杂(图 11-1),据报道,滑菇除有正常的有性繁殖外,还有 5 种无性繁殖方式:①单核菌丝形成分生孢子,孢子萌发后又形成单核菌丝。②单核菌丝形成单核子实体,这种子实体比较瘦小、质硬,但也能产生 1～4 个单核担孢子,担孢子萌发后又形成单核菌丝。③双核菌丝断离后形成单核分生孢子,分生孢子萌发后形成单核菌丝,单核菌丝经过质配后又形成双核菌丝。④双核菌丝产生双核的分生孢子,双核孢子萌发后又形成双核菌丝。⑤双核菌丝经脱双核化形成单核菌丝,单核菌丝经过质配又形成双核菌丝。

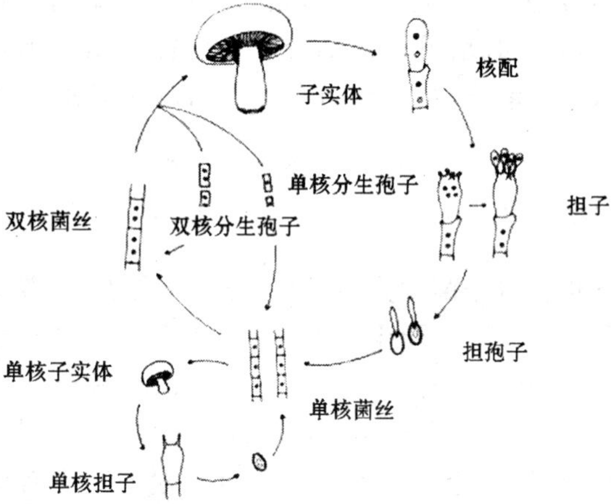

图 11-1 滑菇生活史

(三)生长发育条件

1. 营养 滑菇属木材白腐菌,自然界中常发现于阔叶树的伐根、倒木及腐木上，在生长发育中需要足够的碳源、氮源、无机盐及生长素等，人工栽培时多以硬杂木屑为主料，麦麸、米糠以及玉米粉为辅料栽培，营养生长阶段的最适碳氮比为 20∶1，生殖生长阶段的最适碳氮比为(35～40)∶1。

2. 温度　滑菇属低温型，变温结实性菇类，菌丝生长的温度为 4℃～32℃。最适温度为 20℃～25℃，超过 32℃菌丝停止生长，40℃以上菌丝很快死亡，子实体生长温度为 5℃～20℃，高于 20℃子实体菌盖薄、菌柄细、易开伞，低于 5℃子实体生长得非常缓慢，基本上不生长。因此，出菇阶段菇房温度一般控制在 7℃～15℃。当菌"吃"透培养料达到生理成熟时，给予 10℃左右的低温刺激，昼夜温差在 7℃～12℃，以促进其原基的形成。低温刺激的结果是可逆的，即低温刺激后原基已形成或开始形成时，如果温度提高至 20℃以上时，菌丝又转向营养生长，低温刺激的效应也就消失，原基停止发育，菇蕾中的营养倒流而萎蔫。

3. 湿度　滑菇菌丝生长阶段培养料含水量以 60%～65%为宜，空气相对湿度为 60%～70%为宜，子实体生长阶段培养基中的含水量应增加至 70%～73%，空气相对湿度要求在 85%～95%，空气相对湿度过低会影响产量，但培养基表面积水又会导致烂菇，且容易孳生霉菌。因此，在菌蕾形成阶段，不要直接向基质喷水，可逐渐加大空气相对湿度。

4. 光照　滑菇菌丝生长阶段一般不需要光线，直射光抑制菌丝的生长，而子实体分化阶段必须有一定的散射光，在完全黑暗的条件下，菌丝不能形成子实体。出菇期具有 300～800 勒的散射光可促进子实体的形成。光线不足时，子实体发生量少，菌柄细长，菌盖薄，菇体小，色浅，品质差。

5. 空气　滑菇属好气性真菌，菌丝、子实体生长均需要大量的氧气。因此，滑菇栽培室中如果通风不良或培养料的通透性差时，就使得氧气不足而二氧化碳增多，菌丝体的呼吸受到抑制，从而影响菌丝体的正常生长发育，同时培养料也易感染杂菌。

6. 酸碱度 滑菇喜弱酸性环境，适宜的 pH 值为 5～6，生产中正常配制的培养料酸碱度基本上符合滑菇生育的要求，一般不需特殊调整。

二、工艺流程

滑菇人工栽培可分为段木栽培和代料栽培。段木栽培又有长段木和短段木栽培之分。代料栽培按栽培方式又可分为箱栽、盘栽、袋栽、瓶栽等。段木栽培近年来很少采用，现以推广面积较大的盘栽和袋栽为例介绍滑菇人工栽培技术。

（一）盘栽工艺流程

托盘制作→配料→拌料→灭菌→出锅装盘→冷却接种→室外堆放→菌盘上架→提膜换气→通风降温→菌盘开膜→降温出菇→采收

（二）袋栽工艺流程

配料→拌料→装袋→灭菌→接种→发菌管理→转色管理→划口出菇→出菇管理→采收

三、技术要点

（一）品种选择

滑菇按子实体发生温度的不同可划分为：低温型，出菇温度 5℃～10℃；中温型，出菇温度 7℃～12℃；高温型，出菇温度 7℃～20℃。日本对滑菇品种的划分为：极早生种，出菇适温 7℃～

20℃；早生种，出菇适温 5℃～15℃；中生种，出菇适温 7℃～12℃；晚生种，出菇适温 5℃～10℃。早生种，菇体较小，色泽淡，出菇较早，在我国东北地区一般 9 月初开始出菇，10 月初为出菇盛期；中生种，菇体较大，色泽较深，一般 9 月下旬至 10 月中旬是出菇盛期；晚生种，菇体特征与中生种相似，但出菇时间较晚，一般 10 月上旬开始出菇，10 月末、11 月初是出菇旺期。生产者应根据生产方式和目的来选用品种，供外贸出口的，最好选用子实体紧凑、成熟期较集中的品种；加工罐头应按工厂要求选用品种，鲜销应选子实体大、产期较分散的品种；在一个菇场内，为避免出菇过于集中，可采取不同成熟期的品种进行搭配。

(二)栽培季节

栽培季节的选择，应根据各地的气候条件，栽培形式及所用品种不同而定，一般选择低温季节接菌，高温季节发菌，低温季节出菇的栽培方式，因此多采用春季接菌，秋季出菇的季节安排，以长春市为例，播种期一般在 2 月下旬到 4 月上旬，此时低温接菌易控制杂菌污染，提高接种成功率，而且正值农闲不与农业争劳力，接种后气温升高，菌丝在 4℃～8℃生长繁殖，外界气温升高至 10℃以上时，菌丝已基本封面，抑制了杂菌的污染，5～8 月份进行养菌，9～11 月份出菇。

(三)培养料配方

滑菇栽培原料应因地而异，选择合适的主料，木屑多以硬杂木屑为主，现介绍如下配方以供选择：①木屑 87%，米糠 10%，玉米粉 2%，石膏 1%。②木屑 90%，麦麸 8%，玉米粉 2%。③木屑 45%，豆秸 45%，麦麸 10%。④玉米芯 80%，米糠 19%，石膏 1%。⑤棉籽壳 95%，麦麸 4%，石膏 1%。

以上配方含水量均为 60%～65%，pH 值自然，在生产实践中应注意以下问题：一是为提高产量而加大麦麸或米糠用量，结果不但没有增产，反而易使菌块污染而导致减产；二是为方便发菌快，拌料“宁干勿湿”，结果因料内缺水而后期产菇困难；三是培养料含水量超过65%，造成缺氧环境而发菌困难，孳生杂菌，培养料变酸。

(四)栽培技术要点

1. 盘栽技术要点

(1)托盘制作　制作托盘的材料应因地制宜，玉米秸、葵花秆、高粱秸、废木板等均可用于制作托盘，规格采用35厘米×60厘米为宜，具体做法：穿前先把玉米秸等按规格截取一定长度，在玉米秸上相距30厘米穿2个孔，用2根坚硬的枝条穿插固定，1个托盘需要7～8段玉米秸。

在制作托盘时应注意，无论用哪种材料，做成的托盘均要求光滑无刺，以免扎破塑料膜，造成污染。

(2)灭菌　滑菇盘栽时培养料灭菌方法，不同于其他灭菌方法，常压蒸料锅灭菌操作方法如下：烧开水后，先在蒸帘上铺10厘米厚干料，干料上有热汽冒出时撒湿料，在整个装锅蒸料过程中，为达到灭菌效果，必须严格按照“见汽撒料”的原则，哪里冒汽往哪撒料，少撒勤撒，严禁1次快速倒入蒸料锅内，造成“夹生料”，导致后期杂菌污染严重，装满料后，用厚塑料膜封盖，上大汽后灭菌8～10小时，即可停火，停火40分钟后，趁热出锅，出料温度不应低于70℃。否则，易造成接种后污染现象。

(3)出锅装盘　在出料前要根据菌盘大小将地膜分割成块，然后用2%～3%的来苏儿溶液或0.2%的高锰酸钾溶液消毒。出料前30分钟，对出料室、所用工具、玉米秸托菌帘及操作人员的衣服用配好的2%～3%来苏儿溶液进行喷雾消毒。

消毒后即可出料。出料装盘一般需4～6人操作，1人出料，用锹从锅内挖出蒸过的培养料(4～5 千克)，两人包盘，1 人搬运。要在锅台附近用木板或桌子搭成 1 个操作台，台上放托菌帘，托菌帘下面放 2 个横棍，便于拿盘，帘下放模具，模具内放包膜，包膜上放培养料，料的厚度为 5.5 厘米，料面要用摊料板摊平，四角微压。盖膜时要先叠两边，后叠两头，包好料块后单摆单放，降低料温，降温后 5～6 盘摞在一起准备接种。

(4)冷却接种　当料温降到 25℃以下时便可接菌，接菌室最好选择封闭较好的空房，便于消毒灭菌。首先要把室内打扫干净，用喷雾器喷洒 2%～3%的来苏儿溶液进行室内消毒，然后把接种需要的菌种、料盘及所有工具搬进室内，再次喷 2%～3%来苏儿溶液，菌种瓶外用 0.1%高锰酸钾溶液消毒后开始接种。

接种时，操作人员衣服洁净，并用 2%来苏儿溶液进行表面消毒，用蘸酒精的毛巾擦手后开始接种。用来苏儿溶液擦菌种瓶外部，打开瓶盖；然后去掉上面的老菌皮，用接种钩挖出菌种装入盘中，用手把菌种掰成黄豆粒大的菌块，不要掰得太碎，太碎菌丝恢复时间长，容易干燥，撒播菌种时，两瓶菌种接 3 盘，要撒均匀，四个角要撒到。盖膜时要先盖两边，两端暂时不盖，在上面放 1 个玉米秸托菌盘，两人同时翻盘，去掉模具，再把两端的薄膜向上翻卷，放上原托菌帘后再翻过来，这样把两端卷紧的膜压在培养料下面，不易开膜防止杂菌孢子落入，接种后菌种面朝上。

(5)发菌管理

①室外堆积发菌：接种后的菌盘最好采用室外堆积发菌方式，不但节省空间，而且白天室外阳光充足，气温较高，有利于菌丝生长，堆积发菌时，地面用木杆或砖垫起，每 5～7 盘堆成一垛，垛与垛之间留 10 厘米间隙，以利于空气流通，上面及四周盖 20 厘米厚的稻草，以利于前期低温时增温、保暖，后期防止阳光直射，堆放期间要防止畜、禽及老鼠为害。

室外堆积 5～7 天，接种点菌丝萌发变白，4℃～8℃条件经

10～15 天，菌盘表面布满白色菌丝，并开始向培养基深层生长。此间温度变化大，一旦气温迅速上升，不能及时将菌盘散开，温度越高，菌丝生长越旺，菌丝呼吸作用产生的热量因薄膜包裹而散发很慢，几天后就会使培养基变酸，出现了通常所说的“烧堆”现象。

②适时上架：一般在 4 月末进棚上架，高温提前到来时应早上架，气温较低的年份，可晚上架，一般当堆内温度达 10℃～12℃时应及时进棚上架，防止高温烧菌。

上架后，随着气温逐渐升高，菌丝生长更加旺盛，必须加强培养场所的通风，每隔 1～2 天就应给菇房通风，同时简易菇房顶部要盖上遮阳物（草帘、苇帘等），以防阳光暴晒，菇房内温度骤然上升。这个阶段是杂菌污染的多发期，因此要经常检查菌盘，如果个别菌盘发现杂菌污染，可将其移到阴凉、通风的地方继续培养。在接种后 40 天左右应上下调换一下位置。

③提膜换气：随着外界气温的不断升高，菌丝逐渐布满整个料面，此时应适当提松塑料膜，通风换气，以利于菌丝生长，经 50～60 天，菌丝便遍布整个菌块。

④促进蜡质层形成：从菌丝长满菌块到出菇 60～70 天的时间这个时期主要是促进菌丝转色形成蜡质层。

蜡质层形成的好坏，对产量结果影响很大。正常的蜡质层有橘黄色和红褐色之分，厚度在 0.5～0.8 毫米，蜡质层对盘内菌丝起保护作用，既防止水分蒸发，又防止外部害虫和杂菌的侵入。形成良好的蜡质层，也是菌丝健壮和高产的重要标志。

⑤安全越夏：越夏管理的主要任务是控制菇房温度，加大菇房的遮荫程度，防止阳光直射菇房而导致温度升高。这个时期应使菇房温度控制在 26℃以下，如果超过 26℃，在加强通风的同时，可采取喷冷水降温的措施。在高温期间如果不采取降温措施，使菌盘长时间处于高温条件下，菌丝体就会受到伤害，出菇能力将大大减弱。进入出菇管理的前夕，应对整个菌盘检查一遍，如果有整盘

污染杂菌的，应及时拣出处理掉，对于局部污染的菌盘可移出菇房与正常完整的菌盘分开，单独进行管理。

（6）出菇前管理　当旬平均气温下降到 20℃以下时即可采取措施，诱导原基分化，刺激子实体发生，具体方法如下。

①开膜划面：立秋前后，气温逐渐下降，菌丝因受低温刺激开始向子实体方面转化。此时应采取措施，满足其对环境条件的要求，打开包裹着菌盘的塑料薄膜，促进菌丝体的生理转化，为出菇创造条件。在开膜前，首先要清扫菇房，喷 3%来苏儿溶液和 80%的敌敌畏 600～800 倍液消毒防虫，喷药 30 分钟后开膜，底膜不动，菌盘四边膜打到底，有利于边缘出菇。

开膜以后划割菌盘表面，划成与菌盘边缘相平行的直线，划道的目的是划破菌盘表层的蜡质层，划道距离 3 厘米，深 1 厘米，使培养基内的菌丝接触新鲜空气和水分。不能划得过深，防止喷水后培养基散碎，划道后 2 天不能喷水，使受伤的菌丝恢复生长。

②打结菇水：菌丝生长阶段需水量少，转入子实体生长阶段需水量大，必须采取喷水的办法才能满足菌盘要求。因此，要狠打结菇水，有利于多形成子实体原基，多出菇、出好菇。水分不足，培养料盘过干，菌丝体新陈代谢迟缓，原基很难形成。

在喷水前首先要封闭菇房，防止水分蒸发过快，保持室内空气相对湿度，达到喷水效果。前 2 天少喷，以后多喷，一定要用喷雾器喷雾状水。用手指按菌盘时，感到发软湿润，见有水痕时转向地面、墙壁、空间喷水，保持菇房内湿度。

③保湿降温：为了保持空气相对湿度，要在墙壁的四周挂草帘、麻袋，四周钉塑料布，地面垫粗沙，有利于操作和保湿。喷水时门口、窗口、下层应加重多喷。

（7）出菇管理　应按照子实体不同发育阶段采取相应的管理措施。进入 8 月末，温度逐渐下降，在满足水分要求的条件下，菌丝受到低温刺激，扭结形成子实体原基。这时料面上出现白色或黄色的小颗粒突起，此时是水分的敏感期，也是出菇的关键时期。要保持菌盘表面湿润，严禁向原基喷水。这一时期以保湿为主，每天应向地面、墙壁喷水数次，空气相对湿度保持在85%～90%。如遇干旱天气，料面干燥，菌盘内含水量达不到75%时，只能向菌盘上喷细雾。如果菌盘湿度过大、通风不良，室温超过18℃，小菇蕾将成批萎缩死亡；为了防止这种现象发生，喷水后要缓缓通风换气，防止大风直吹菇蕾。室外气温低于室温，应在中午通风换气；高于室温应早晚通风换气，室温应控制在10℃～18℃。

当明显看到小菌盖和菌柄时，已进入幼蕾形成期。菌盖长到玉米粒大小时，开始向菌盘上喷细雾，一般每天至少要喷3次。避免大水浇灌，室内空气相对湿度要达到85%以上，防止子实体和菌盘水分过分蒸发。

随着子实体增多和长大，需水量加大，要适当增加喷水量。滑菇比其他菇需水量大，鲜菇含水量达95.2%，菌盖表面有一层光滑黏液，要比其他菇类多需一些水分。结合喷水，在气温最高的中午，通风换气2～3次，避免室内二氧化碳积聚，影响菇体生长发育。

(8)采收　当菇体充分长大但尚未开伞时，应停止喷水。如打水后就立即采收，易黑根，一般从原基分化到采收需要15天左右，每次采菇后要及时清理好菌盘表面，清除滑菇残根，并停止向菌盘喷水，盖上塑料薄膜，防止菌盘表面干燥，稍微提高培养温度，以利于菌丝积累更多的营养，出好下潮菇。

2. 袋栽技术要点

(1)制作菌袋

①栽培季节：培养料配方同盘栽一样。

②装袋与灭菌：滑菇栽培多采用(17～22)厘米×(40～55)厘米的低压聚乙烯塑料袋，每袋装0.6～1千克干料，装完袋后，可以运用常压蒸汽灭菌10～12小时，或高压蒸汽灭菌1.5～2小时，冷

却后接菌。

③接菌：等袋温降至25℃以下时，即可接菌，接菌室的温度在5℃以下时，可以采用开放式接菌，一般污染率不会高于1%，如果温度上升至10℃～15℃，可以采用接种帐接菌，否则会增加污染率。吉林省袋栽滑菇大多采用低温季节接菌，温度超过15℃就不进行生产，否则污染率很高，超过10%。

(2)发菌管理　接完菌后，进行摆袋养菌，目前袋栽滑菇一般利用自然温度培养菌丝，摆成9层高的菌墙，养菌期间，菌墙之间的距离可以小些，一般采用双墙紧靠的方式，因为前期温度比较低，菌丝萌发较慢，这样有利于保温。

养菌期间注意老鼠为害。温度上升至5℃以上时，菌丝开始萌发。吉林省长春地区，一般3月10日开始接菌，4月20前接菌结束，5月30日前后，菌丝长满袋，当菌丝长满袋后，可以进行分墙转色，摆成9层高的菌墙，墙与墙之间的距离为60厘米为好，此时温度较高，菌丝代谢旺盛，应加强通风，湿度以自然湿度为好，不用进行特意的增湿，也不用进行特意的管理，6月下旬开始转色，7月初转色完毕。

(3)划口出菇　当室温降至13℃～15℃时，此时应将塑料袋袋口剪去，露出培养基，培养2～3天，进行喷水增湿，空气相对湿度保持在85%～90%，以诱发出菇。

幼菇出现后，经10天左右即可采收。如果温度适宜，可以一直出菇，采收3潮菇，大至1千克干料可出鲜菇1千克，生物学效率达100%。吉林省长春地区11月初温度已下降至0℃以下，如果不采取加温措施春节前仅出2潮菇，到了翌年春季和秋季各出2潮菇。因此，该地区袋栽滑菇多采用1年栽培2年收获的办法，大大地节省了劳力，翌年春季和秋季要进行搔菌，重复进行出菇管理。

(4)出菇管理　滑菇袋栽的出菇管理和采收，参考滑菇盘栽的有关要求。

思 考 题

1. 8月中旬，滑菇栽培中开始有原基出现，但有时原基却萎缩、消失，试分析原因。

2. 分析造成滑菇出菇迟、菌柄长、菌盖小的原因。

3. 滑菇品种有哪几种类型？

4. 菌丝转色后形成的蜡质层对滑菇生产有何影响？

5. 如何做好滑菇的安全越夏工作？

附 录

附表1 农作物秸秆及副产品化学成分 (%)

种 类	水 分	粗蛋白质	粗脂肪	粗纤维（含木质素）	无氮浸出物（可溶性碳水化合物）	粗灰分
(一)秸秆类						
稻草类	13.4	1.8	1.5	28.0	42.9	12.4
小麦秸	10.0	3.1	1.3	32.6	43.9	9.1
大麦秸	12.9	6.4	1.6	33.4	37.8	7.9
玉米秸	11.2	3.5	0.8	33.4	42.7	8.4
高粱秸	10.2	3.2	0.5	33.0	48.5	4.6
黄豆秸	14.1	9.2	1.7	36.4	34.2	4.4
棉 秆	12.6	4.9	0.7	41.4	36.6	3.8
棉籽壳	13.6	5.0	1.5	34.5	39.5	5.9
甘薯藤(鲜)	89.8	1.2	0.1	1.4	7.4	0.2
花生藤	11.6	6.6	1.2	33.2	41.3	6.1
(二)副产品类						
稻 壳	6.8	2.0	0.6	45.3	28.5	16.9
统 糠	13.4	2.2	2.8	29.9	38.0	13.7
细米糠	9.0	9.4	15.0	11.0	46.0	9.6
麦 麸	12.1	13.5	3.8	10.4	55.4	4.8
玉米芯	8.7	2.0	0.7	28.2	58.4	20.0
花生壳	10.1	7.7	5.9	59.9	10.4	6.0
玉米糠	10.7	8.9	4.2	1.7	72.6	1.9
高粱糠	13.5	10.2	13.4	5.2	50.0	7.7

续附表 1

种　类	水　分	粗蛋白质	粗脂肪	粗纤维（含木质素）	无氮浸出物（可溶性碳水化合物）	粗灰分
豆　饼	12.1	35.9	6.9	4.6	34.9	5.1
豆　渣	7.4	27.7	10.1	15.3	36.3	3.2
菜　饼	4.6	38.1	11.4	10.1	29.9	5.9
芝麻饼	7.8	39.4	5.1	10.0	28.6	9.1
酒　糟	16.7	27.4	2.3	9.2	40.0	4.4
淀粉渣	10.3	11.5	0.7	27.3	47.8	2.9
蚕豆壳	8.6	18.5	1.1	26.5	43.2	3.1
废　棉	12.5	7.9	1.6	38.5	30.9	8.6
棉仁粕	10.8	32.6	0.6	13.6	36.9	5.6
（三）谷粒、薯类						
稻　谷	13.0	9.1	2.4	8.9	61.3	5.4
大　麦	14.5	10.0	1.9	4.0	67.1	2.5
小　麦	13.5	10.7	2.2	2.8	68.9	1.9
黄　豆	12.4	36.6	14.0	3.9	28.9	4.2
玉　米	12.2	9.6	5.6	1.5	69.7	1.0
高　粱	12.5	8.7	3.5	4.5	67.6	3.2
小　米	13.3	9.8	4.3	8.5	61.9	2.2
马铃薯	75.0	2.1	0.1	0.7	21.0	1.1
甘　薯	9.8	4.3	0.7	2.2	80.7	2.3
（四）其　他						
血　粉	14.3	80.4	0.1	0	1.4	3.8
鱼　粉	9.8	62.6	5.3	0	2.7	19.6
蚕　粪	10.8	13.0	2.1	10.1	53.7	10.3

续附表 1

种　类	水　分	粗蛋白质	粗脂肪	粗纤维（含木质素）	无氮浸出物（可溶性碳水化合物）	粗灰分
槐树叶粉	11.7	18.4	2.6	9.5	42.5	15.2
松针粉	16.7	9.4	5.0	29.0	37.4	2.5
木　屑		1.5	1.1	71.2	25.4	
蚯蚓粉	12.7	59.5	3.3		7.0	17.6
芦　苇		7.3	1.2	24.0	—	12.2

附表 2　各种培养料的碳氮比

种　类	碳(C)%	氮(N)%	C/N	种　类	碳(C)%	氮(N)%	C/N
木　屑	49.18	0.10	491.80	黄牛粪	38.60	1.78	21.70
栎落叶	49.00	2.00	24.50	水牛粪	39.78	1.27	31.30
稻　草	45.39	0.63	72.30	奶牛粪	31.79	1.33	24.00
大麦秸	47.09	0.64	73.58	羊　粪	16.24	0.65	24.98
玉米秸	43.30	1.67	26.00	兔　粪	13.70	2.10	6.52
小麦秸	47.03	0.48	98.00	鸡　粪	4.10	1.30	3.15
稻　壳	41.64	0.64	65.00	废　棉	59.00	2.32	22.00
马　粪	11.60	0.55	21.09	沼气肥	22.00	0.70	31.43
猪　粪	25.00	0.56	44.64	花生饼	49.04	6.32	7.76

附表 3　常用消毒剂使用方法

消毒剂名称	用　途	用量和使用方法	注意事项
甲醛溶液（HCHO）Formalin	空间或表面消毒	熏蒸 8～10 毫升/立方米 喷雾 2%溶液	1. 有白色沉淀时，加几滴硫酸溶解 2. 注意皮肤和眼睛的防护 3. 先用来苏儿溶液空间喷雾，再用甲醛熏蒸效果更好

续附表 3

消毒剂名称	用　途	用量和使用方法	注意事项
硫　黄(S) sulphur	空间消毒	15～20 克/立方米燃烧熏蒸	1. 消毒空间时，先喷水预湿 2. 金属用具易锈蚀，应防护
酒精(C_2H_2OH) Alcohol	手及器皿表面消毒	70%～75%	易燃，注意按试验室操作方法使用
高锰酸钾 ($KMnO_4$) potassium permanganate	1. 甲醛熏蒸助蒸剂 2. 用品器具表面消毒	1.5 毫升/立方米 2. 0.1%～0.2%水溶液	随用随取随配
来苏儿 ($C_6H_4CH_3OH$) lysol	手和器皿表面消毒，空间喷雾	1. 浸泡容器用3%水溶液时间1小时 2. 洗手和空间喷雾用2%水溶液	亦称煤酚皂
新洁尔灭 ($C_{22}H_{40}BrN$) Bromo-geraminum	皮肤和不耐热的器皿表面消毒	0.1%～0.25%水溶液	亦称苯扎溴铵，系阳离子表面活性剂。避免与阴离子表面活性剂(如肥皂、合成洗涤剂等)合用
洗必泰 ($C_{12}H_{30}Cl_2N_{10}$) chlorhexidin	皮肤和不耐热的器皿表面消毒	0.5%～1.0%水溶液	亦称氯己定，系阳离子表面活性剂。避免与阴离子表面活性剂(如肥皂、合成洗涤剂等)合用
石炭酸 (C_6H_5OH) phenol	空间和表面消毒	5%水溶液	亦称苯酚，对皮肤有腐蚀作用

续附表 3

消毒剂名称	用　途	用量和使用方法	注意事项
过氧乙酸 (CH_3COOOH) Peracetic Acid	1. 手和器械表面消毒 2. 空间消毒(优于甲醛)	1. 表面消毒 0.2%～0.5%的水溶液浸洗 2. 空间消毒，先用 0.5%水溶液喷雾增湿，再用 20%药液 5 毫升/立方米熏蒸	1. 勿与碱性药品混合 2. 其他注意事项，详见产品说明书
烟雾消毒剂 smogdisinfeltor (含氯量>48%)	空间消毒	3～4 克/立方米，燃烧熏蒸	1. 消毒空间先喷水预湿 2. 用火星点燃本品，密闭 20 分钟即可 3. 本品应贮存于阴凉干燥处，慎防水、火侵袭
漂白粉 Chloriole of lime	在水溶液中放出有效氯，破坏细菌酶的活性而致死亡。能杀灭各种致病菌、病毒芽孢	1%～3%澄清液喷洒(100～300 毫升/立方米)消毒 30 分钟后通风；0.5%～1%的漂白粉溶液能在 1～5 分钟内杀死大部分细菌	配制的澄清液性质不稳定 密封保存时间不可超过 1 周；有腐蚀及褪色作用，不宜用于金属制品、有色衣物及油漆家具、布类；消毒后应立即清洗、以防被腐蚀

附录 4　灭菌锅内空气排除程度与温度的关系

工作压力			工作温度(℃)				
兆　帕	磅力/平方英寸	千克力/平方厘米	冷空气全排	冷空气排 2/3	冷空气排 1/2	冷空气排 1/3	冷空气未排
0.035	5	0.35	109	100	94	90	72

续附表 4

工作压力			工作温度(℃)				
兆　帕	磅力/平方英寸	千克力/平方厘米	冷空气全排	冷空气排2/3	冷空气排1/2	冷空气排1/3	冷空气未排
0.07	10	0.70	115	109	105	100	90
0.11	15	1.05	121	115	112	109	100
0.14	20	1.41	126	121	118	115	109
0.175	25	1.76	130	126	124	121	115
0.21	80	2.00	135	130	128	126	121

注:帕为压力的法定计量单位,亦称帕斯卡,1 兆帕 $=10^6$ 千帕;平方英寸为非法定计量单位,1 平方英寸=6.4516 平方厘米

主要参考文献

1　蔡衍山，吕作舟，蔡耿新．食用菌无公害生产技术手册．北京：中国农业出版社，2003

2　陈士瑜．菇菌生产技术大全．北京：中国农业出版社，1999

3　郭美英．中国金针菇生产．北京：中国农业出版社，2000

4　黄 毅．食用菌栽培(上，下)(第2版)．北京：高等教育出版社，1998

5　黄年来．18种珍稀美味食用菌栽培(第2版)．北京：中国农业出版社，1998

6　黄年来．中国食用菌百科．北京：中国农业出版社，1997

7　贾身茂．白灵菇无公害生产技术．北京：中国农业出版社，2004

8　李荣春．英国蘑菇现代化栽培模式．中国食用菌，2001，20(3)：9～11

9　李晓，段秀莲．食用菌高产栽培指导．延吉：延边人民出版社，2002

10　李玉，王琦．药用菌物学．长春：吉林科学技术出版社，1996

11　李玉．中国黑木耳．长春：长春出版社，2001

12　马向东，陈红歌．食用菌栽培新技术．开封：河南大学出版社，2002

13　卯晓岚．中国大型真菌．郑州：河南科学技术出版社，2000

14　邢来君，李明春．普通真菌学．北京：高等教育出版社，

1998

15 徐崇敬．英,日,汉食用菌词典．上海:上海科学技术出版社,2000

16 杨新美．食用菌研究法．北京:中国农业出版社,1998

17 杨新美．食用菌栽培学．北京:中国农业出版社,1996

18 杨新美．中国菌物学传承与开拓．北京:中国农业出版社,2001

19 应建浙等．食用蘑菇．北京:科学出版社,1982

20 张光亚．云南食用菌．昆明:云南人民出版社,1984

21 张金霞．食用菌安全优质生产技术．北京:中国农业出版社,2004

22 张树庭,Miles PG (杨国良等译)．食用蕈菌及其栽培．保定:河北大学出版社,1992

23 张树庭,林芳灿．蕈菌遗传与育种．北京:中国农业出版社,1997

24 张引芳．中国食用菌工厂化生产的发展前景．中国食用菌,2000,19(增刊):101～102

25 中国科学院微生物研究所一室等．真菌名词及名称．北京:科学出版社,1976